2017 年 11 月 7 日，湖北监利水产局领导陪同考察调研，了解小龙虾养殖情况

2018 年 1 月 13-14 日，作者在江苏盱眙、泗洪考察调研，了解小龙虾养殖情况

2018 年 6 月 20 日，作者在深圳技术大学进行《克氏原螯虾对温度和盐度适应的遗传进化机制及育种研究》项目答辩

2018 年 8 月 14-16 日，作者在广东湛江中联公司考察调研，了解对虾育苗情况

2019 年 9 月 8 日，作者在湖南株洲考察调研，
了解小龙虾的养殖模式情况

2019 年 11 月 26 日，作者在盐城工学院王爱民小龙虾研究团队
陪同下考察调研，了解小龙虾饲料营养的研究情况

2019 年 11 月 30 日，作者在浙江湖州考察交流澳洲淡水小龙虾养殖的情况

2020 年 3 月 14 日，作者在广东韶关始兴和新丰考察交流小龙虾养殖的情况

小龙虾鳃部和卵巢

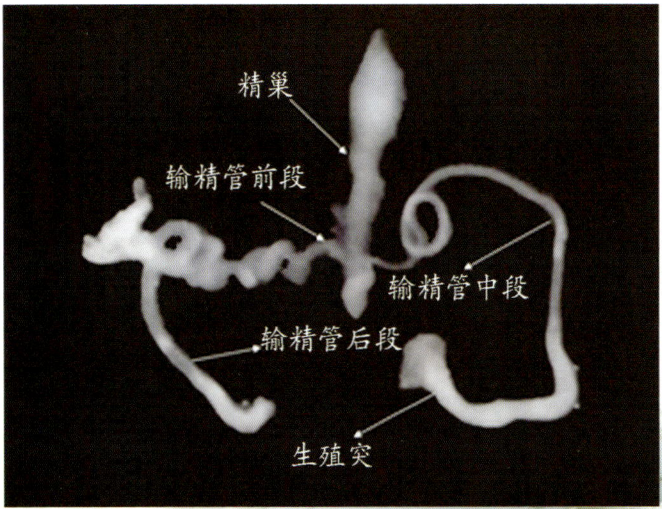

雄虾生殖系统

腹部抱有虾苗的母虾

作为小龙虾饵料的漂螺，在泥鳅捞出后，其数量会快速增加

左图为投放漂螺池中的死虾；右图为 2d 后的死虾情况

左图为池底剩余饲料；右图为剩余饲料转化的黑色有害物质

小龙虾出现两块黑色区域

抱卵虾：黑色卵粒（左）和黄色卵粒（右）

不同年龄的小龙虾外壳

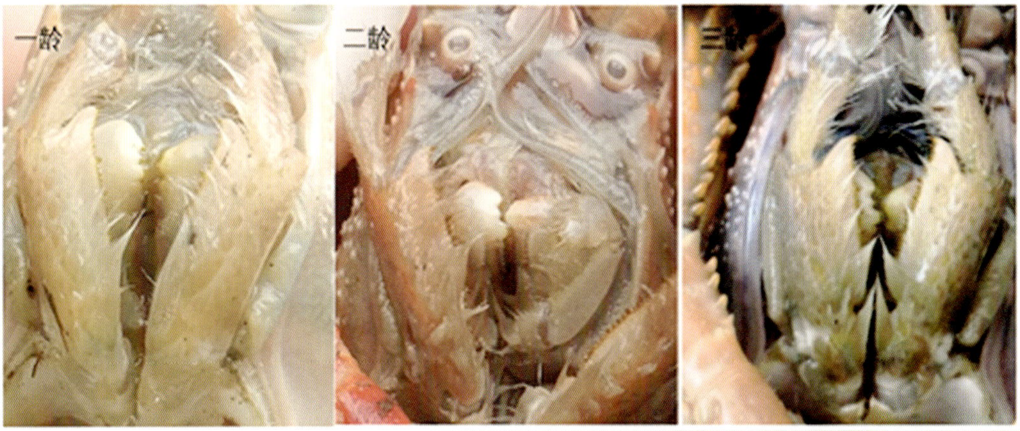

不同年龄的小龙虾口器

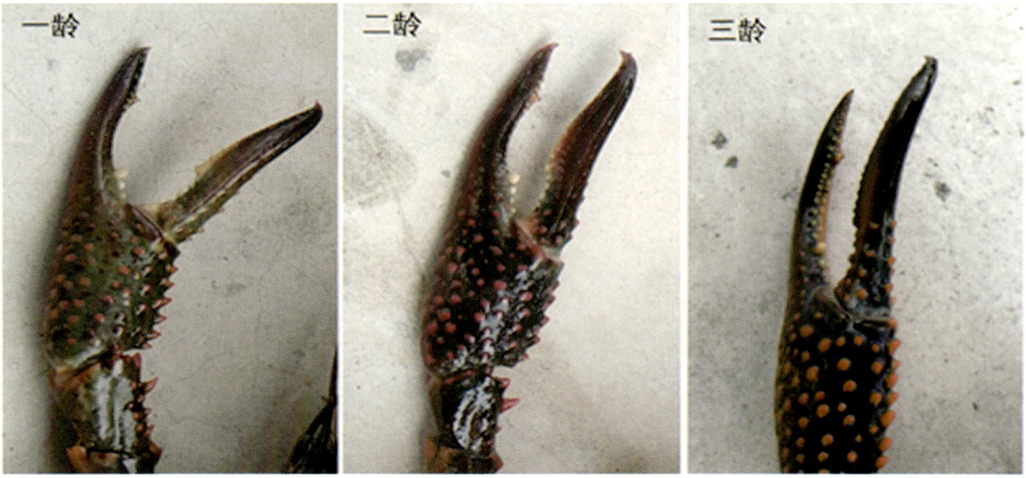

不同年龄的小龙虾大螯

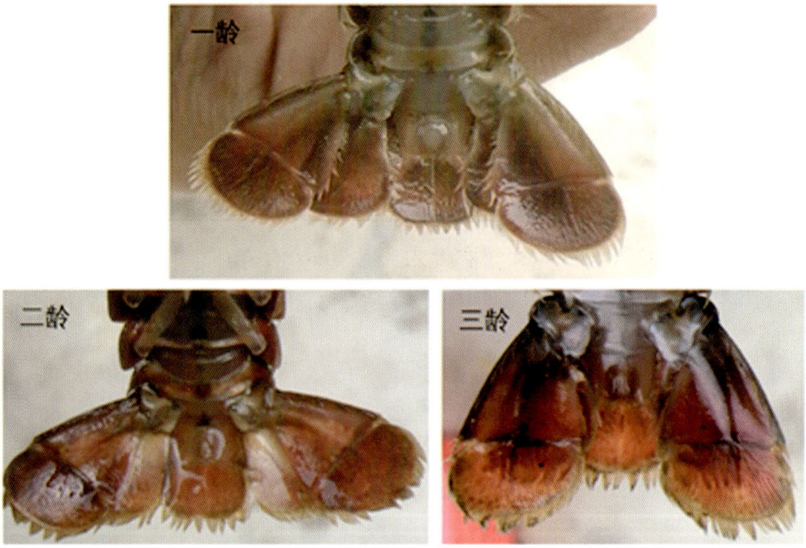

不同年龄的小龙虾尾扇

藕虾共作

科学养殖小龙虾

——最新育种育苗技术研究

谭理琦　杨丽诗　刘栋梁　黄建华　编著

星光不问赶路人，岁月不负有心人。本书希望为那些流汗流泪、不忘初心、努力实现梦想的养虾人解决技术难题，为振兴中国农业贡献智慧。

中国农业大学出版社
·北京·

图书在版编目(CIP)数据

科学养殖小龙虾:最新育种育苗技术研究 / 谭理琦等编著. —北京:中国农业大学出版社,2020.6

ISBN 978-7-5655-2369-4

Ⅰ.①科… Ⅱ.①谭… Ⅲ.①龙虾科－淡水养殖 Ⅳ.①S966.12

中国版本图书馆 CIP 数据核字(2020)第 109477 号

书　名 科学养殖小龙虾——最新育种育苗技术研究
作　者 谭理琦　杨丽诗　刘栋梁　黄建华　编著

策划编辑 张　妍　赵　中　　**责任编辑** 赵　中
封面设计 郑　川
出版发行 中国农业大学出版社
社　址 北京市海淀区圆明园西路 2 号　　**邮政编码** 100083
电　话 发行部 010-62733489,1190　　读者服务部 010-62732336
编辑部 010-62732617,2618　　出　版　部 010-62733440
网　址 http://www.caupress.cn　　**E-mail** cbsszs@cau.edu.cn
经　销 新华书店
印　刷 涿州市星河印刷有限公司
版　次 2020 年 6 月第 1 版　2020 年 6 月第 1 次印刷
规　格 787×980　16 开本　11.5 印张　210 千字　彩插 4
定　价 46.00 元

序

克氏原螯虾(*Procambarus clarkii*)俗称小龙虾,自1929年引入中国,经过20世纪70年代的试吃、80年代的试养、90年代的人工繁殖试验,种群已扩散到长江中下游多个省份。作为曾经的外来入侵物种,小龙虾产业在中国发展迅猛,已逐步形成了养殖、加工、流通一体化的完整产业链。随着小龙虾餐饮文化品牌创建、旅游节庆文化品牌的打造、绿色养殖理念的推广、乡村振兴战略的实施,更使小龙虾发展成为大产业。特别令人欣慰的是2016年农业农村部将小龙虾列入国家虾蟹产业技术体系的工作范畴,正式完成了对这一“入侵物种”的加冕。

深圳市福田区动物防疫监督所所长谭理琦先生长期关注“三农”问题,对小龙虾绿色养殖如何助推农民致富倾注了心血,对小龙虾的欣赏更是近乎痴迷。为了推进小龙虾产业健康发展,他经常牺牲休息时间到全国主产区考察交流,还主动上门寻求与中国水产科学研究院南海水产研究所的合作。谭理琦先生、刘栋梁先生和南海水产研究所黄建华研究员、杨丽诗副研究员等人通力合作,共同承担了深圳市科技创新委员会资助的基础研究项目“克氏原螯虾对温度和盐度适应的遗传进化机制及育种研究”,共同开展了小龙虾人工繁育、健康养殖、遗传育种等方面的探索,并取得了可喜的成绩。为此,他们不辞辛苦、勤于学习、大胆创新,总结了自己的科研成果,并参阅了丰富的文献资料,编著了《科学养殖小龙虾》一书。

《科学养殖小龙虾》一书全面综述了小龙虾养殖的历史和现状,展望了产业发展前景,并提出了发展对策。作为一部科普与科研相结合的专著,在种虾良种选育、亲虾培育、育种应用实践、育种场选址与设计,以及孵化与育苗、生物饵料、饵料适口性、虾苗的分级管理、养殖模式等方面提出了一些独到的研究心得;在小龙虾营养与饲料、池塘土壤、水草栽培、水质调控、病害防治、常见问题、案例分析等方面进行了归纳与提炼。《科学养殖小龙虾》一书图文并茂、内容全面、通俗易懂，既具有科普性，也不乏创新性。《科学养殖小龙虾》是基于小龙虾养殖转型升级及养殖户脱贫致富的实践总结而成的，既有生态养殖的实践，又有绿色发展的感悟，还有农民致富的实例，可以为水产科技工作者及广大养殖户带来新的理念，提供有益的启发和借鉴。

中国水产科学研究院南海水产研究所所长

2020 年 4 月 16 日于广州

前　言

小龙虾因其营养丰富、味道鲜美而深受广大食客喜爱。近年来，小龙虾市场价格节节攀升，极大地激活了中国农民养殖小龙虾的积极性。据《中国小龙虾产业发展报告（2019）》介绍，2018 年，全国小龙虾养殖面积达到 1 680 万亩（每亩 667 m^2），产量达到 163.87 万吨，总产值超过 3 690 亿元，我国小龙虾无论产量或者规模均排名世界第一，养殖技术水平也名列前茅。目前，全国有小龙虾养殖产量报告的省（区）21 个，依次为湖北、湖南、安徽、江苏、江西、山东、河南、四川、浙江、重庆、福建、广西、云南、贵州、上海、广东、黑龙江、宁夏、新疆、河北、山西，其中前 5 省（区）为主产区，占全国小龙虾总产量的 94.3%，黑龙江和山西为首次报告。但是，从中长期来看，我国小龙虾产业总体供求关系将渐趋平稳，市场上升空间不大，未来小龙虾产业发展方向将从规模扩张模式向质量、效益和绿色发展模式转变。

目前，小龙虾产业已经形成了自繁自养、工厂化加工、物流配送、外贸出口、餐饮夜市为一体的完整产业链。但是在养殖环节，大量养殖户在思想上忽视严格选种、科学选育，没有做到年年清塘、年年选种、年年育苗，无法有效解决几代同塘的恶性循环问题，最终导致种质退化、产量低、产值低，农民收益低。究其原因，在于小龙虾育种育苗缺乏系统性研究和产业发展缺少理论指导，大部分虾农奉行经验主义，养殖技术碎片化。

当前，正值全国实施乡村振兴大战略之际，作为生态循环农业发展的典型模式之一，小龙虾养殖已成为部分地区培育农村经济增长新动能、农业产业精准扶贫新途径，为促进农业增效和农民增收发挥着重要作用。承蒙深圳市科技创新委员会基础研究项目的支持，我们研究团队通过近几年调查研究发现，中国小龙虾产业发展存在五大突出问题：一是育种育苗技术瓶颈有待突破，二是饲料与营养技术研究有待深入，三是养殖模式有待创新，四是现代智慧渔业有待引入，五是基础设施投入有待加大。为了加快推进研究课题，我们团队共取得了5项国家实用新型专利，在核心期刊上发表了6篇专题研究论文。

小龙虾养殖主要有稻虾共作和池塘精养两种模式，融合两种模式的优点，团队开发了池塘网格化养殖模式，本书将其作为第三种新型模式予以推荐。该模式秉持“以虾为本”的理念，充分遵循小龙虾生物学习性，在技术方法上大胆创新，其目的是提高虾的存活率和增长率，实现增产高效。

目前，小龙虾养殖技术研究才刚刚起步，有关小龙虾系统性的育种育苗研究方面的书籍不多。本书作为科普与科研相结合的读本，首先，对小龙虾产业及发展方向做了全面介绍；其次，在种虾良种选育、亲虾培育、育种应用实践、育种场选址与设计，以及孵化与育苗、生物饵料、饵料适口性、虾苗的分级管理等方面提出了一些研究心得；再次，在小龙虾营养与饲料、池塘土壤、水草栽培、水质调控、病害防治、常见问题、案例分析等方面进行了归纳与提炼。本书倡导“以虾为本、格物致知”作为小龙虾生态养殖的文化内核，以期引起同行共鸣。由于作者水平和能力有限，加之时间仓促，难免存在错漏和不成熟之处，敬请广大读者朋友批评指正。

2020年春，新冠肺炎疫情给中国水产养殖行业带来了严重冲击，也让小龙虾产业受到冲击，如何突破困境化危为机，需要产学研通力合作，共克时艰。作者长期关注“三农”问题，此刻，殷切期望本书能为养殖小龙虾流汗流泪的农民朋友解决技术难题，为振兴中国农业贡献智慧。

谭理琦

2020年3月于深圳

目　录

第一章　概述

第一节　小龙虾产业历史回顾

小龙虾，学名克氏原螯虾（*Procambarus clarkii*），属淡水经济虾类，食性复杂、生长速度快、适应能力强。自然界中其摄食范围包括水草、藻类、水生昆虫等，食物匮缺时亦自相残杀。小龙虾原产地为北美路易斯安那州及墨西哥湾及密西西比河流域，20 世纪后被引进到亚洲、欧洲及非洲等地。1929 年日本人将其引入我国，直到 20 世纪七八十年代，我国在开始将其作为食用对象开展其人工养殖。近 20 年来，小龙虾因其营养价值丰富、味道鲜美，适合开发不同口味而深受广大食客喜爱，市场价格节节攀高，极大地促进了我国小龙虾养殖飞速发展。

一、历史与文化

（一）小龙虾前世今生

18 世纪之前，在美国路易斯安那州及墨西哥湾周边河沟里就已经发现小龙虾存在，印第安土著曾经有食用小龙虾记录，但没有形成主流。1927 年密西西比河中下游发生特大洪水，河水淹没了当地的农田和村庄，小龙虾被洪水冲得四处爬行，引起了当地人一片恐慌，由此才被人们广泛认知。直到“二战”结束后，小龙虾才出现人工专业养殖，1960 年路易斯安那州立大学成立专门的研究机构来研究小龙虾的生物习性及人工增殖。

1918 年，小龙虾从美国被引入日本后，就在日本大面积的繁衍和扩散。至 20 世纪 60 年代，日本除了一些小岛屿外都能看到小龙虾存在的身影，作为当地物种的日本黑螯虾已几乎被这个近亲赶尽杀绝。

20 世纪 60 年代以后，欧洲的芬兰、瑞典等国家从国外引进抗病力强的优质小龙虾，开始了淡水小龙虾的养殖和研究工作。此外，瑞典人专门成立“龙虾节”，当地政府也曾出台一些限制捕捞政策，规定只有每年 8 月份才是小龙虾的捕捞期。

非洲大陆没有本土小龙虾，直到20世纪70年代，肯尼亚、埃及等国家才开始引进小龙虾进行养殖，其中埃及形成一定产量，2018年出口2 394.13吨到中国，占中国进口小龙虾总量的80%。目前，全世界约30个国家开展了小龙虾养殖。

（二）世界小龙虾饮食文化

从考古学家发现的小龙虾化石予以佐证路易斯安那州是小龙虾的原产地。但人们真正开始食用小龙虾的历史，还要追溯到美国从法国手中买下路易斯安那州的1803年。

美国人食用小龙虾的历史已经超过100年，当地的法裔美国人虽然信奉天主教，但喜欢冒险勇于尝试的精神，激发他们大胆尝试吃密西西比河里两大稀奇古怪动物——小龙虾和鳄鱼。他们为此发明了烹饪小龙虾的特有方式——“水煮小龙虾”，但其实并不是白水煮，而是加入了很多香辛料和配菜，比如辣椒、洋葱、土豆、玉米和香肠等，并邀请亲朋好友到家分享，在后院支起特制的大圆桶铝锅，大家一起协作调味小龙虾，整个过程伴随着当时传统交际舞的音乐，可以随兴跳舞也可即兴歌唱，大家边吃边聊，其乐融融，这种快乐和分享氛围后来发展成为一种聚会和节庆文化形成了流传至今的小龙虾节。最早的小龙虾节距今已有80年的历史。

现在美国路易斯安那州专门烹饪小龙虾的餐馆已廖谬无几，但大部分西餐厅的菜肴都配有小龙虾原料。一种经典的食物叫作小龙虾派，类似于一种炖肉馅饼的美国传统食物，不过内馅由其他肉类变成了小龙虾。美国还有小龙虾浇饭、小龙虾寿司卷、小龙虾意面、油炸小龙虾、小龙虾三明治卷和小龙虾煎饼等花式吃法。在休斯顿和新奥尔良的唐人街有不少专门制作小龙虾的餐馆，当地华人努力把中国的口味带到路易斯安那州。不管怎样，路易斯安那州百姓还是最钟爱他们传统的“水煮小龙虾”，毕竟这道菜肴里充满了浓浓的聚会气氛。当地人说我今天要去吃水煮小龙虾，其实他表达的不仅仅是去吃小龙虾，更多的是去参加水煮小龙虾的聚会。

（三）中国小龙虾饮食文化

虽然小龙虾起源于国外，但是真正把小龙虾发扬光大的却是中国人。自从小龙虾被送上了餐桌，中国的厨师将制作小龙虾的厨艺发挥得淋漓尽致，麻辣小龙虾、十三香小龙虾、十三香小龙虾鲜锅、香辣小龙虾、啤香小龙虾、火爆小龙虾、爆炒小龙虾、秘制麻辣小龙虾、蒜泥小龙虾、咖喱小龙虾、红烧小龙虾、青蒜炒龙虾、麻辣虾球、口味虾，各种口味的小龙虾不断推陈出新，变着花样吸引人们的味蕾，促进小龙虾的消费。

夏天，一盘小龙虾配上冰啤酒，白里透红的虾肉、流油的虾黄，让人唇齿留香。

麻辣、十三香、蒜香等经典吃法让人迷醉，尽管人人被辣得满嘴通红、眼泪汪汪，却依然还是那么乐此不疲，狂野奔放。

城市化发展倒逼生活方式转变，现在越来越多的年轻人养成了吃夜宵的习惯。无论是一线城市，还是二线城市，小龙虾在大街小巷中各显神通，宵夜文化逐渐成形。作为国民夜宵美食，小龙虾在众多餐饮食品中最具网红气质，其背后千亿级市场，让众多资本虎视眈眈，甚至被称为餐饮界的新风口。

二、我国小龙虾养殖发展历程

1929 年，小龙虾被一个日本“好事者”带入中国后，开始在南京繁衍，随着长时间的扩繁，其种群数量不断增加，生存空间不断扩展，并迅速扩展到我国江苏、湖北、湖南、安徽等长江中下游地带，目前，已成为我国淡水虾类中的主要种类之一。作为外来物种的小龙虾，由于具有超高的生存能力以及繁衍能力，对当地农业及原生态水体造成影响，2010 年，中国农业部将小龙虾列入《中国外来入侵物种名单》。

20 世纪 70 年代，由于当时物质匮乏，江苏金湖有一个“胆大者”将野生捕获的小龙虾按照中国独特的“十三香”配方做着试吃，发现味道鲜美无比，湖北潜江也推出了油焖小龙虾，从此小龙虾的食用价值才在中国被发扬光大，于是野生虾供不应求，人们开始尝试人工养殖。从 20 世纪 80 年代初，江苏省盱眙县就有了国内第一批从事小龙虾养殖的人们，盱眙县地理位置优越，水系发达，淮河与洪泽湖于境内交汇，水域面积 64 万亩，陡湖、天鹅湖等 10 多处活水湖泊和 100 多个水质优良的水库是小龙虾生长的理想场所。经过近 20 年的发展，小龙虾产业成为盱眙县支柱产业，成为名副其实的小龙虾故乡，每 8 个人就有 1 个从事小龙虾相关的行业。

湖北省水产科学研究所从 1983 年开始研究淡水小龙虾，1985 年开始向国内介绍美国稻田养殖小龙虾的情况和方法，1989 年于湖北汉川的汈汊湖区域稻田中试验养殖淡水小龙虾，并于 1991 年提出淡水小龙虾与水稻轮作是一个非常好的小龙虾养殖模式。1995 年应农业部要求，湖北省水产科学研究所成立了我国第一个淡水螯虾研究中心。从此，该中心开展了淡水小龙虾的人工繁殖、池塘养殖、稻田养殖和食品加工方面的研究，为小龙虾的产业发展做出了积极贡献。

我国小龙虾产业化发展始于 20 世纪 90 年代初，从最初的“捕捞＋餐饮”，逐步向小龙虾养殖、加工、流通及旅游节庆一体化服务拓展，形成了完整的产业链条。其中，小龙虾养殖业为第一产业，小龙虾加工业为第二产业，围绕市场流通、餐饮服务、节庆文化、休闲体验形成的服务业成为了产业链中的第三产业。

2000 年 7 月，江苏省盱眙县人民政府成功举办中国第一个以小龙虾为主题的龙虾节，之后不仅联合澳大利亚、新西兰、瑞典等国家的地方政府和国内强势媒体等机构大力宣传，还在国内南京、上海、宁波、深圳、北京设立分会场，形成四国联动，六地联办的格局，将盱眙龙虾节迅速打造为一个影响力远至海外的节庆品牌。现在盱眙的万人龙虾宴已成为影响力遍及海外的节庆品牌。

随着江苏盱眙龙虾节的品牌推广和小龙虾消费市场带来的显著经济效益，湖北、安徽、江西、湖南等省根据其本省自身的资源优势，大力发展小龙虾养殖、旅游与消费相关行业，纷纷举办各自的龙虾节，促进了当地经济的发展。如今在全国形成有影响力的龙虾节包括：湖北的潜江龙虾节、监利龙虾节、洪湖龙虾节，安徽合肥龙虾节，江西鄱阳湖龙虾节，湖南长沙龙虾节、益阳龙虾节、岳阳龙虾节。随着各地龙虾节的举办，经媒体宣传，又让小龙虾在全国范围内掀起了新一轮的养殖风暴，促进了产业进一步发展。

三、市场前景

小龙虾的市场需求庞大，经济价值高，养殖推广技术相对简单，养殖成本低，周期短，是目前农民增收致富的好项目。具体表现在以下几个方面：

(一)营养价值高

小龙虾体内蛋白质含量很高，且肉质松软，易消化，对身体虚弱以及病后需要调养的人是极好的食材。2010 年，丁建英等发现小龙虾肌肉中含有 8 种人体所必需的氨基酸，必需氨基酸的含量占氨基酸总量的 48.86%。2011 年，封功能等研究发现小龙虾腹部肌肉含肉率以及干物质中粗蛋白含量分别高达 21.65% 和 83.60%，富含脂肪酸，尤其是二十二碳六烯酸(DHA)和二十碳五烯酸(Ω-3)，占脂肪酸总量的 22.27%。

此外，虾肉还富含镁、锌、碘、硒等，镁对心脏活动具有重要的调节作用，能保护心血管系统，它可减少血液中胆固醇含量，防止动脉硬化，同时还能扩张冠状动脉，有利于预防高血压及心肌梗塞。小龙虾富含虾青素，虾青素是强抗氧化剂，有助消除时差反应。小龙虾还可入药，能化痰止咳，促进手术后的伤口生肌愈合。

(二)口味丰富

小龙虾因体型比其他淡水虾类大，肉质鲜美，而被制成多种料理，受到了广大食客普遍欢迎。市面上小龙虾门店出现十种以上的风味可供选择，如“麻辣小龙虾”“经典十三香”“蒜蓉风味”“冬阴功风味”“蛋黄焗小龙虾”等。与此同时，餐饮从业者对小龙虾的口味仍然在不断开发、创新。市场稳定供应能很好地满足不同受众的饮食习惯和偏好，而差异化风味也体现出不同区域市场的良好表现及巨大的扩展潜力。

（三）极具观赏性

小龙虾本身体色艳红，体态精巧，色泽亮丽，有空间质感。放养在水族箱中，搭配水草及亮白鹅卵石形成红、绿、白三色组合，幽静自然，美感极佳。此外小龙虾进食、飞舞、弹跳、抱卵以及大量集群形成的壮观画面，无不引人入胜、陶冶情操，极具观赏性。

（四）满足大众社交属性

一方面，小龙虾作为消费品中最具社交属性的单品，其食用方式最大程度上限制了就餐过程中的“手机不离手”习惯，为朋友间的直接沟通提供了更多机会，营造了轻松社交场景，提高了餐饮作为社交活动的价值；另一方面，小龙虾直接用手处理的特别方式无疑拉近了用餐者之间的距离，创造了相对亲近的社交氛围，为社交恐惧症打开了一片蓝天。

（五）满足年轻消费者需求

年轻人是小龙虾消费的主力军，女性尤盛。工作的压力、重口味的刺激，小龙虾无疑很好地满足了年轻消费者的各种需求：首先，小龙虾卖相较好，加之各类精美的包装、逗趣的名字、别出心裁的标语，充分满足了年轻人分享生活——“晒”的文化需要；其次，无论是麻辣刺激的风味，还是直接用手处理的食用方式，对于年轻人来说都可视为一种很好的解压方式——“吃起来过瘾”，在年轻消费者的饮食选择中扮演着越来越重要的角色。

根据大众点评提供的数据，2012 年起小龙虾店成爆炸式增长，2016 年 7 月超过 1.76 万家，是肯德基的 3 倍。中国小龙虾餐厅最多的城市前三名：上海、北京、南京。

（六）工业附加值高

第一，饲料原料市场需求旺盛。许多鱼类和经济水产动物重要的饵料来源是小龙虾，小龙虾在除去甲壳后，身体的其他部分可当饵料，小龙虾经加工后的废弃物也可作为饲养其他动物的饲料。

第二，工业市场附加值高。近年来，小龙虾的工业价值不断被开发，从小龙虾甲壳中提取的虾青素、虾红素、甲壳素、几丁质及其衍生物用途广泛，大量应用于食品、医药、造纸、印染、日用化工、农业和环保方面，甲壳加工还具有投资少、效率高的特点。

第三，出口创汇能力不断加强。过去小龙虾的出口创汇价值很高，主要体现在虾仁部分，欧盟、日本、美国、澳大利亚、东南亚等是小龙虾的主要市场。如今，虾黄、尾肉及整尾虾都可用于出口。

第二节　我国小龙虾产业发展现状

据农业农村部渔业渔政管理局联合全国水产技术推广总站、中国水产学会及中国水产流通和加工协会等单位编写的《中国小龙虾产业发展报告（2019）》介绍，2018 年，小龙虾产业迅猛发展，呈加速增长态势，养殖面积和产量大幅度增长，加工业受到资本市场青睐，电商全面介入物流和餐饮消费，市场价格整体同比继续攀升。据测算，小龙虾产业总产值已达 3 690 亿元，同比增长 37.5%（未包括香港特别行政区、澳门特别行政区、台湾地区的统计，下同）。其中，第一产业产值 680 亿元，以加工业为主的第二产业产值 284 亿元，以餐饮为主的第三产业产值 2 726 亿元，分别同比增长 40.6%、41.8%、36.3%。第三产业占总产值的 73.9%，在小龙虾产业中占据了绝对主导地位。

一、产业技术现状

（一）小龙虾种质资源与良种选育

小龙虾为外来物种，自 20 世纪 30 年代引入我国后，未见由国外多次引入的报道。由于小龙虾适应环境的能力非常强，环境的选择压力对其物种变化影响不大，形成基因突变和重组的概率很小，因奠基者效应或瓶颈效应的影响，其遗传多样性增加的可能性微乎其微，故而总体呈现出遗传多样性降低的现象。在 20 世纪 30 年代引入中国南京地区之后，沿着我国长江与淮河流域扩散，水系间的交流是小龙虾扩散的主要途径。我国自从 20 世纪 80 年代开始小龙虾人工养殖。已有的研究显示，人工养殖活动可能造成小龙虾种群产生跳跃性扩散。目前，基于已报道的我国小龙虾群体样本采集地点相对较少或者较为集中，致使群体代表性不强，我国小龙虾在各地的扩散路线和地方种群间的基因流仍不十分明确（谭云飞等，2020）。

研究不同种群内和种群间的遗传多样性水平是反映物种遗传背景的科学依据。经调查，长江中下游的小龙虾群体具有较高的遗传多样性，可为小龙虾遗传育种提供种质资源；而华北地区的小龙虾群体的遗传多样性相对较低，具有较低的遗传分化水平。

目前，国内外对小龙虾育种的研究尚处于起步阶段，有关小龙虾群体选育、家系选育及遗传评估等相关研究报道还不多。我国早期水系间的交流扩散，奠基者效应很大可能是导致我国不同地域小龙虾种群分化的原因，但也不能排除小龙虾进入我国南京地区后向不同地域扩展历程中，为了适应不同环境的选择压力而发生了进化变异的可能。此外，人工养殖等人为相互引种也导致了洞庭湖、洪湖与洪泽湖等几大湖区的野生种质之间产生同质化现象。

（二）种苗繁育技术

在开展小龙虾人工养殖初期，小龙虾苗种主要依靠天然捕捞。自 2003 年开始，江苏省开展了小龙虾种苗繁育技术和亲本选育技术的探索性研究，主要方式是捕大留小、逆向选择以及种苗自繁自育，这些方式极易导致养殖小龙虾个头变小、病害频发、种质退化严重。小龙虾苗种自然繁殖存在很多不可控因素，近亲繁殖现象多，种质的质量不可控，苗种抗病力下降，容易导致养殖中病害发生。近年来，一些地区小龙虾养殖生产遭受严重的病害困扰，甚至全军覆没，严重制约了小龙虾养殖产业的发展。

（三）主养模式与技术

近年来，随着小龙虾养殖规模不断扩大、养殖技术不断创新、养殖模式不断丰富，小龙虾养殖已形成了稻虾共作（图 1－1 左）、池塘精养、鱼塘套养、浅滩混养、芦滩养殖、圩滩养殖、林间沟养殖、茭白田养殖、藕田养殖、水芹菜田养殖、大棚养殖（图 1－1 右）等十几种模式，其中以稻虾共作和池塘精养的规模较大，形成两种主流养殖模式，养殖技术水平上都处于全国领先水平。在养殖技术方面，形成了水草栽植、苗种放养、饲料投喂、水质调控、蜕壳管理、病害防治等一系列小龙虾高效生态养殖技术（傅纯洁等，2018）。

图 1-1　稻虾共作（左）和大棚养殖（右）

二、养殖生产情况

（一）养殖产量

我国已是小龙虾生产第一大国，自有统计数据的 2003 年以来，我国小龙虾总产量除 2011 年略有回调外，整体呈逐年增长趋势。2013 年以后，年增长率逐年增加。2003—2018 年，养殖产量由 5.16 万吨增加至 163.87 万吨，增长 30 多倍。2018 年增幅为历年最高，达 45.1%(图 1-2)。

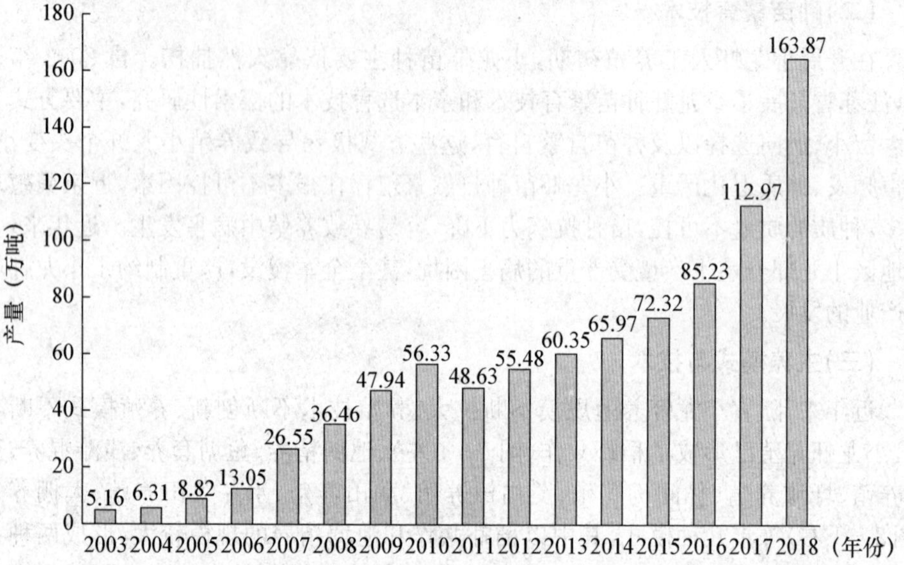

图 1-2　2003—2018 年全国小龙虾养殖产量变化情况

资料来自《中国小龙虾产业发展报告(2019)》。

(二)养殖面积和生产方式

2018 年，小龙虾养殖总面积达 1 680 万亩。其中，小龙虾稻田养殖占比最大，产量 118.65 万吨，养殖面积 1 261 万亩，分别占总产量和总面积的 72.4%和 75.1%，占全国稻渔综合种养总面积(3 042 万亩)的 41%。小龙虾稻田养殖通过虾稻互促，在实现减肥减药的同时，提高了稻田综合效益，增收效果明显，提高了农民种粮的积极性，对稳定粮食生产起到了积极促进作用。

(三)生产区分布

我国小龙虾主要产于长江流域，湖北、江苏、安徽、江西、湖南 5 个主产省产量占全国总产量的 90%以上，其中 2018 年：湖北 81.24 万吨(721 万亩)、湖南 23.76 万吨(210 万亩)、安徽 21.75 万吨(248 万亩)、江苏 16.68 万吨(201 万亩)、江西 11.02 万吨(103 万亩)，主产省中湖北省养殖规模最大，约占全国总产量的一半(49.58%)。近两年，湖南省养殖规模增长较快，四川、重庆、河南、山东、浙江、广西等地小龙虾养殖也逐步发展，养殖区域逐年扩大。

三、加工与流通

(一)加工

小龙虾产品加工主要集中在湖北、湖南、安徽、江苏四省,2018 年,规模以上加工厂加工量近 32 万吨。其中,湖北省规模以上加工厂近 20 家,加工量超过 20 万吨,同比增长一倍,产值 186.89 亿元,同比增加 60.57%。

(二)流通

2018 年全国龙虾输出五大省份依次是湖北、湖南、安徽、江西、江苏,小龙虾物流出单量前十的城市中,湖北占六席。2018 年,全国新增 5 个小龙虾大型交易市场,分别是安徽巢湖市场、岳阳花都市场和君山虾城、浙江宁波水产品批发市场小龙虾特色交易区、湖北荆州小龙虾综合交易中心。

四、市场运行和消费分析

(一)消费市场

小龙虾消费渠道主要有 3 种:一是传统的、大众化的饭店、专卖店、夜宵大排档;二是偏向中高端的品牌餐饮企业;三是火速升温的互联网餐饮。不断扩大的餐饮消费市场,成为小龙虾产业爆发式增长最强劲的动力。2018 年,小龙虾线下门店数量猛增,较 2017 年多了 14 万余家,增长近 70%。

(二)品牌与市场建设

近年来,各地越来越重视小龙虾品牌培育,涌现出了一批具有地方特色和文化底蕴的区域公共品牌,以及全国或区域影响力的企业品牌。以小龙虾为主题的节庆遍地开花,节日经济在促进小龙虾终端消费和当地经济发展中发挥了重要作用。第九届湖北(潜江)龙虾节促成 51 个项目签约,协议引资总额 211 亿元;第十八届中国·盱眙国际龙虾节促成 95 亿元的签约项目。

五、国际贸易情况

2018 年,受国际贸易形势及国内原料市场变化等因素的影响,我国小龙虾出口量下降至 10 801 吨,出口额下降到 1.88 亿美元,较 2017 年分别下降了 43.50%和 12.66%,2018 年小龙虾出口平均单价是 17.38 美元/千克,比 2017 年上涨了 54.49%。我国小龙虾出口市场主要集中在欧美,占出口市场 90%以上的份额。

第三节　小龙虾产业发展趋势与展望

一、中长期发展趋势展望

从中长期来看，小龙虾产业总体将保持稳中有进的发展态势，但增幅将有所回落，产业总体供求关系将渐趋平衡，产业结构将日趋成熟，产业链进一步延伸，发展方式将从依赖规模扩张转变为高质量绿色发展，产业结构发生调整，二产规模占比有所提升。经营主体的组织化、规模化水平进一步提升，产业化经营成为主要发展方向。

（一）政策环境

由于小龙虾产业兼具经济、生态和社会效益，各级政府将继续加大扶持力度。农业农村部将小龙虾新增入国家虾蟹类产业技术体系，湖北、安徽均提出了要构建育繁推一体化的商业化小龙虾种业体系，江苏省于2018年组建了江苏省小龙虾产业技术体系，每年下拨700万元专项科研经费支持相关单位开展小龙虾产业技术研发。据《中国小龙虾产业发展报告（2019）》不完全统计，2018年，全国各地新出台专门针对小龙虾产业或以小龙虾产业为主体的指导意见、产业规划等各类政策扶持性文件近30个。扶持的方向以养殖生产为主，但产业发展水平较高的省份，将逐步加大对加工流通、品牌和市场建设的扶持力度。此外，对养殖生产的扶持，尤其是小龙虾稻田养殖，将受到国家对稻渔综合种养政策的影响，逐渐走向规范化和标准化。

（二）养殖生产

生产规模将由急速扩张转变为稳中有升，新的增量将主要集中于池塘精养。在“以粮为主”的前提下，小龙虾稻田养殖规模以平稳为主，种养技术模式将进一步优化提升，主要目的是促进稻田养殖小龙虾的均衡上市，以及由“大养虾”向“养大虾”转变。制约小龙虾养殖的种质和病害问题将成为技术突破的主攻方向。随着育养分离的普及，商业化育种、品质改良体系将逐步建立健全。对养殖病害的防控将更加注重疫病监测、苗种产地检疫和养殖环节生产管理。

（三）加工流通

为保障产品均衡上市，平抑价格大幅波动，小龙虾储藏和初加工能力将进一步提升。精深加工技术和工艺将成为增加小龙虾附加值的主要方向，小龙虾综合利用水平提高，加工品类更加丰富。电商凭借“物流＋电商”的复合功能优势，在流通环节的占比将进一步加大。

(四)市场消费和价格

随着社会经济的发展和扩大内需的政策导向，以及居民消费习惯的养成，小龙虾消费市场将稳步扩容。但由于2017年、2018年市场消费量连续的大幅度增加，今后消费量的增幅将趋缓。消费渠道上，由于小龙虾的社交属性，以及集中供应期与夏季夜市消费旺季重合的特点，以小龙虾为主体的品牌餐饮店和大排档将继续作为消费主渠道。同时，随着外卖商业模式的更加多样化和便捷性，线上外卖在消费中的占比将迅速增加。由于供应量的稳步增加和上市均衡化，小龙虾的市场价格将理性回归，更加亲民，同时季节波动幅度变小。

(五)国际贸易

在“一带一路”倡议的指引下，我国将有更多的涉渔企业走出国门，利用沿线国家丰富的自然资源和庞大的国内外市场，发展特种水产品养殖业。小龙虾作为水产“明星”品种，将会在更多的国家和地区安家落户，成为更多不同文化背景、风俗习惯的人们餐桌上的宠儿。可以预见，随着我国对外开放程度的不断加深，越来越多的国人走出去，将我国的小龙虾餐饮文化传播到世界各地。

二、产业发展前景

作为消费市场千亿元的爆款单品，小龙虾产业链长，且国内市场趋稳，国际市场需求上升。但是，2020年突发新冠疫情必定会加快养殖环节的技术迭代更新，淘汰一批技术落后的养殖散户，催生一批养殖大户和养殖能手，而且市场激烈竞争也会提升加工、物流、餐饮等环节的效率，进一步地促使行业优化。

(一)发展战略(对策建议)

未来我国小龙虾养殖产业发展同样要以实现产业绿色可持续发展为目标，坚持“生态优先”，坚持创新、协调、绿色、开放、共享的发展理念，围绕小龙虾种质创制、健康养殖、资源和环境养护、绿色加工等产业关键环节进行科技攻关和统筹发展。①坚持小龙虾优质种质保护和种质创新，开展小龙虾品种选育，选育方向为：生长快、抗病、抗应激小龙虾新品种，发展适合我国不同地区、不同养殖模式的优良新品种配套养殖技术，建立新品种“育繁推”一体化技术体系，提高小龙虾优质种质和良种应用率；②坚持发展小龙虾绿色、生态、健康、优质、安全的养殖生产方式，大力发展稻虾综合种养模式和配套技术，大力发展和推广小龙虾环保高效专用配合饲料，大力发展以微生物制剂和低毒无残留消毒剂等水产养殖环境保护和改良的绿色产品，养殖过程中禁止危害人类健康的抗生素等药物和产品投入，引领产业规范化、标准化发展；③坚持养殖小龙虾的绿色加工，大力发展小龙虾鲜活运输和冷冻、冷藏保鲜技术，大力发展小龙虾产品精深加工技术；④坚持小龙虾消费品牌引领，针对不同人群消费习惯和需求大力发展小龙虾消费市场，开拓大规格小龙虾高端消费市场。

（二）具体措施

1.建设全国性小龙虾种质保护区，开展小龙虾良种选育，建设优良种质繁育体系

系统全面开展全国具有代表性江河、湖泊小龙虾野生种群遗传多样性调查，根据研究结果，在野生种群遗传多样性高的江河和湖泊区域，参照已建成的洪泽湖国家级小龙虾万亩种质资源保护区，建立洞庭湖、鄱阳湖、洪湖、巢湖多个国家级和省级小龙虾优质种质资源保护区。采取必要管控措施，保存和开发小龙虾优良资源，开展小龙虾优良品种选育，良种规模化繁育技术研发，培育一批大型小龙虾优质种质和苗种生产企业，加快良种繁育体系建设，科学布局，尽快建设由国家、省级良种场、省级良种繁育场、良种繁育点的三级良种繁育体系，扩大良种繁育规模，不断提高良种覆盖率。

2.政策导向，引领产业规范化、标准化发展

政府在强化政策引导的同时，也加大了配套项目资金的扶持力度，整合涉农扶贫资金用于小龙虾产业发展。与此同时，各地还积极创新了小龙虾金融支持服务方式。

以小龙虾产业的标准化为例，政府方面对小龙虾产业的支持也在进一步加大，为小龙虾产业持续健康发展提供了行业监管机制，使得小龙虾产业在实现规范、成熟的道路上迈出强劲的一步。这些无疑对小龙虾产业释放出三大利好信号：规范化、标准化、制度化。

3.品牌引领，消费升级，客户终端迎来精细、精致化蜕变

未来作为终端的消费人群将越来越大，对消费餐厅的要求也会越来越高。以往，一张露天桌子、一扎啤酒、一盆小龙虾就能吃嗨的消费者将越来越追求场景、氛围、流程等综合性体验。所以，接下来小龙虾品牌餐厅将迎来一波“店面升级”潮，包括空间设计、餐品摆盘、综合服务等内容都将得到持续升级蜕变。

因其季节性与其“夜宵”属性的限制，在大多数餐饮板块陷入供应链之争的时候，小龙虾市场的供应链打造却还没有起步，且小龙虾市场也鲜有几个响亮的品牌。随着天猫生鲜、京东生鲜、周黑鸭等大玩家的入局，它们不仅推动小龙虾产业

的品牌化进程，还将为小龙虾的供应链搭建提供“模板”，让小龙虾市场从产品打造到供应链完善，逐渐进入良性发展时期，小龙虾市场的持续火爆，更多的资本注入将会成为一种潮流，产业链上的龙头公司也将受益，资本进入小龙虾产业，必将促进成虾食品加工市场的进一步成熟。随着消费升级提升，小龙虾的消费人群也将会越来越大，对小龙虾市场的品质要求也会逐步提高，追求个性化、休闲式的餐饮方式逐渐成为主流。

小龙虾由以前仅有国际市场发展到如今国际和国内市场都很火爆的阶段，这为小龙虾产业的发展提供了很好的市场契机；政府和各级行政职能部门的高度重视，为小龙虾产业的发展提供了强有力的政策保障；小龙虾加工厂和广大养殖户的热情和积极性也空前高涨；科研机构和高等院校对小龙虾及其养殖技术开展了深入、全面的研究，为小龙虾产业的发展提供了强大的技术支撑。市场契机、政策保证、产业基础、技术支撑，这四点因素的保障必将推动全国小龙虾产业的进一步发展。

第二章　小龙虾的生物学特征

第一节　生物学习性

一、分类

小龙虾，学名克氏原螯虾（*Procambarus clarkii*），俗称红螯虾，其英文名为 red swamp crayfish。在分类上属于节肢动物门（Arthropoda）、甲壳纲（Crustacea）、软甲亚纲（Malacostraca）、十足目（Decapoda）、螯虾科（Cabaridae）、原螯虾属（*Procambams*），与中国蝲蛄同目不同科。

二、分布

小龙虾原产美国南部及墨西哥北部，被人们作为水生经济动物引种到世界各地养殖，目前，欧洲（如英国、法国、德国、意大利、葡萄牙、西班牙等）、美洲（如美国、巴西、智利等）、亚洲（如中国、日本、菲律宾等）、非洲（如埃及、南非等）均有分布。我国小龙虾是 20 世纪 20 年代从日本带入，现主要分布在长江流域和淮河流域。

三、生态习性

（一）生活习性

1. 底栖

小龙虾喜爱栖息于溪流、沼泽，水体较浅、水草丰盛的湿地、湖泊和河沟内，栖息地多为水草、树枝、石隙等隐蔽物中。昼伏夜出，喜阴怕光，白天多栖息于水中较深处，很少活动，傍晚太阳下山后开始活动，多聚集在浅水边爬行觅食。小龙虾喜爬行，不善游泳，觅食和活动时向前爬行，受惊或遇敌时迅速向后，弹跳躲避。黑鱼、黄鳝、龟鳖等水生动物，鹭鸟、野鸭等水鸟，陆地上蛇、鼠等都是它的敌害。

2. 趋水

小龙虾有很强的趋水性，喜新鲜活水，逆水上溯，且喜集群生活。在养殖池中常成群聚集在进水口周围。大雨天，小龙虾可逆水流逃逸，水中环境不适合时也会爬上岸边栖息，因此养殖场应设置防逃的围栏设施。

3. 好斗

小龙虾生性好斗，性情凶猛，在密度过大、饲料不足或争栖息洞穴时，往往会出现恃强凌弱的现象。笔者实验发现，饥饿状态的成虾 24 小时内可以吃掉十几只幼虾。

小龙虾为了领地、食物和配偶都会发生争斗，但它们的争斗往往会带有“虚张声势”的一面。小龙虾在打斗过程中，通常选择“断螯”逃脱，大多数断点位于大螯基部的关节处，当连接断开时，小龙虾会分泌液体封闭伤口，损坏的大螯将在第二次脱壳期间再生，经过多次脱壳后逐渐恢复，但再生组织一般比原生螯要小。

4. 掘洞

小龙虾不但喜欢而且擅长掘洞，喜在洞穴或其他隐蔽场所中度过，尤其是蜕壳、繁殖、避暑和越冬时，以防其他动物惊扰和攻击。掘洞深度一般在 50～80 cm，少部分洞穴会超过 1 m，通常横向的洞穴才有可能超过 1 m。出于对泥土湿度要求，一般都是斜着往下掘洞，洞穴位于池塘水面上下 20 cm 左右，内有少量积水，洞口一般以泥帽封住。小龙虾的掘洞速度很快，尤其在一个新的生活环境中特别明显。小龙虾一般在繁殖季节打洞的数量明显增多，而在寒冬和初春掘洞强度比较微弱。

(二)生活环境因子

小龙虾对环境的适应性较强，具有较广的适宜生长温度，可耐受 40℃以上高温、也可在－14℃以下安然入冬。水温 10～30℃为正常生长发育，区间 20～28℃生长速度最快，5～8℃以下冬眠进洞，35℃以上也会避暑进洞。

小龙虾一般昼伏夜出，耗氧率昼夜变化规律较明显。正常情况下，一般水体溶氧在 5 mg/L 以上非常适合小龙虾生长，对低氧水体也有一定的适应能力，但在实际养殖中，水体中溶氧最好不要低于 3 mg/L。当小龙虾缺氧时往往会爬上岸，或者借助水体中的漂浮植物等侧卧于水面，利用身体一侧的鳃腔直接吸收空气中的氧气。笔者观察发现，离开水体后的小龙虾可以利用空气中的氧气，只要周围环境保持湿润，小龙虾离开水体可存活 15～20 天。

正常 pH 7.5～8.5 最适宜，5.5～9.8 的水体也能存活，小龙虾对重金属、敌百虫、菊酯类等杀虫剂非常敏感，微少剂量即可以致死。

(三)食性

小龙虾属于杂食动物,在不同的发育阶段对营养的需求不一样。刚孵出的幼虾以其自身存留的卵黄为营养,之后不久便摄食轮虫等小浮游动物,随着个体不断增大,摄食较大的浮游动物、底栖动物和植物碎屑等。成虾兼食动植物,主食水草、植物碎屑、动物尸体,也摄食水蚯蚓、摇蚊幼虫、小型甲壳类及一些水生昆虫。取野外环境下小龙虾,镜检发现成虾胃含物有:菹草、马来眼子菜、金鱼藻、轮叶黑藻、黄丝藻、高等植物碎片、丝状藻、轮虫、枝角类、桡足类、昆虫类、鱼类、水蚯蚓、摇蚊幼虫等(谢文星等,2008)。据笔者实验发现,小龙虾每天 16:00~18:00 时间段的摄食量最高。在人工养殖情况下,幼虾可投喂丰年虫、螺旋藻粉等,养成阶段可直接投喂搅碎的米糠、豆饼、麸皮、杂鱼、螺蚌肉、蚕蛹或配合饲料等,保持饲料蛋白质含量在 28%~30%,此外,种植水草可以节约饲料成本。

(四)生长与蜕壳

小龙虾生长速度快,在环境适宜和饵料充足情况下,5 g 左右的虾苗经过人工养殖 1~2 个月,即可达到商品虾规格。同许多甲壳类动物一样,小龙虾的生长伴随着蜕壳,性成熟后,蜕壳周期变长。

(五)繁殖特性

小龙虾性成熟在自然环境中需 6~9 月龄,性成熟的个体大小不一,一般为 20~50 g。在人工饲养条件下,因为食物营养丰富,小龙虾性成熟时间比自然环境下相对提早,大多数 6 个月即达到性成熟。小龙虾可常年交配,而群体交配的高峰期在 7~9 月份,交配时间 10~30 分钟。交配后 30 天左右,雌虾开始产卵(龚世园等,2008),为一次性产卵,产出的卵黏附在雌虾腹足的刚毛上,抱卵量因雌虾个体大小而异,体长 7.0~11.0 cm 的雌虾抱卵 100~700 粒,刚产出的卵为圆形、紫黑色或黄色。受精卵发育速度与水温高低有关,温度高则孵化时间短。孵出的稚虾附于亲虾的游泳足上,在母体的保护下完成幼体阶段的生长发育。

四、环境与生态

生物多样性是自然界稳定和平衡的基础,也是人类赖以生存和发展的物质需要,自然界生物多样性是物竞天择优胜劣汰的结果。研究生物与环境密切关系,一方面,生物的生存活动依赖于环境获取物质和能量,获取信息和栖息地;另一方面,生物又改变和影响环境。小龙虾也不例外,与其生存的环境相互磨合、相互影响。

中国小龙虾大多生活在长江、淮河流域等,纬度与小龙虾原产地——美国路易斯安那州基本一致,气候以温带季风性气候为主,需要有水网密布、水草丰富、水源充足的生态环境，如溪流、沼泽、沟渠和池塘等。

在稻田中小龙虾会与水稻互利共生，一方面稻丛为小龙虾提供饵料和隐蔽场所，另一方面小龙虾也会为水稻“去糟留精”、疏松土壤、降低病虫害、提供有机肥粪料。这就是湖北、湖南等地大力推广的稻虾共作、连作模式。

众所周知，国内小龙虾养殖最先开始于江苏，原因是江苏本身有养殖螃蟹的传统习惯，而螃蟹生长需要水草，水草同样适合小龙虾生长。此外，螃蟹和小龙虾同属甲壳类、生活习性相近、摄食特点相同、混养相互影响不大，而养殖效益成信增加。这就是江苏、安徽等地大力推广小龙虾的池塘精养模式。

第二节 形态特征

一、外部形态结构与功能

小龙虾体长而扁，分为头胸部和腹部，由 21 节组成，体表具坚硬的外骨骼（薛俊增等，1998）。

（一）头胸部

头胸部特别粗大，由头部 6 节和胸部 8 节愈合而成，外被头胸甲。头胸甲坚硬，钙化程度高，长度几乎占小龙虾体长的一半。背侧向前伸出一上下扁而宽、两侧具锯齿的额剑，额剑呈三角形，光滑、扁平，中部内陷、槽状，前端尖细，其顶角约 45°。额剑长为头胸甲的 1/4～1/3，向前超过复眼。头胸甲背面与胸壁相连，两侧游离形成鳃腔。约在头胸甲背部中央有一条横沟，即颈沟，是头部与颈部的分界线。在额剑基部两侧各有一带眼柄的复眼，能自由转动。

头胸部附肢共有 13 对。头部 5 对，前 2 对为触角，细长鞭状，具感觉功能；后 3 对为口肢，分别为大颚和第 1、2 小颚。胸部附肢 8 对，前 3 对为颚足，后 5 对为步足。第一触角亦称小触角，单肢型，外肢节退化，内肢节分为两条触鞭，原肢 3 节，在其近端第一节的背面绒毛丛中有平衡囊的开口。第二触角也称大触角，双肢型，外肢节宽大呈片状，称为大触角鳞片，内肢为一细长的触鞭，原肢 2 小节，近端节小，另一小节粗壮，其内具有司排泄的触角腺，排泄孔即位于该小节内腹侧处。大颚单肢型，内肢节为一小的触须，原肢节坚硬而粗壮，内侧有基颚，形成咀嚼面，内壁附有发达的肌肉束，利于咬切和咀嚼食物。第一小颚单肢型，小而薄，内肢节由小节组成，呈须状，原肢节分两小节，呈片状，位于内侧，也具基颚。第二小颚双肢型，外肢节极发达，呈叶片状，称为颚舟叶，内肢节小，夹在外肢节与原肢节之间，原肢节分两小节，片状，每片又分为两叶。第一颚足双肢型，形似第二小颚，基部为一肢鳃。第二颚足双肢型，外肢节退化成须状，内肢 5 节，棒状。第三颚足双肢型，外肢节退化成须状，内肢 5 节，指状。步足 5 对，单肢型，内肢 7 节，分为底节、基节、座节、长节、腕节、掌节和指节。前 3 对步足均呈钳状，称螯足，其指节着生于掌节的基部突出处，可以活动；其中第一步足粗壮发达，可动指与不动指内缘具小庞状突起，掌节与指节内侧缘分别有 7 个和 6 个小齿，掌部背面具 8 列疣状突起，腕节腹面隆起，内侧缘端部具 5～7 个排成半圆形的小齿，长节和座节皆侧扁，上下缘棱状，分别具 2 列和 1 列小齿。后 2 对步足末端呈爪状。

(二)腹部

腹部分节明显，包括尾节共计 7 节，节间有膜，外骨骼通常分为背板、腹板、侧板和后侧板，尾节椎状。腹部附肢 6 对，双肢型，称为腹肢，又称为游泳肢，但不发达。雄性个体第一、二对腹肢变为管状交接器，雌性个体第一对腹肢退化。尾肢十分强壮，与尾柄一起合称尾扇。

小龙虾雌雄异体，雌雄个体外部特征十分明显，容易区别。鉴别方法如下：

(1)同龄的雄虾比雌虾个体大，性成熟的雄虾螯足粗大，螯足两端外侧有一明亮的红色软疣，雌虾螯足相对较小，大部分没有红色软疣，即使有颜色也偏淡。

(2)雄虾第一、二腹足演变成白色、钙质的管状交接器，用于交配时精子的输送；雌虾第一腹足退化，第二腹足羽状。

(3)雄虾的交接器开口在第五对胸足的基部，不明显；雌虾的生殖孔开在第三对胸足基部，可见明显的一对暗红色圆孔。

(4)雌虾有纳精囊，用于雄虾精荚的贮存。

二、内部结构与功能

小龙虾属无脊椎动物，内部系统俱全，整个体内分为消化系统、呼吸系统、循环系统、排泄系统、神经系统、生殖系统、肌肉运动系统、内分泌系统八大部分(薛俊增等，1998)。

消化系统：包括口、食管、胃、肠、肝脏、胰脏、直肠和肛门。口开于两大颚之间，后接食管，食管为一短管，后接胃，胃分为贲门胃和幽门胃。胃两侧各有一个白色或淡黄色的“胃石”，蜕壳前期和蜕壳间期较大，蜕壳后较小，其功能为协助钙质的调节。胃后是肠(白色)，肠的前段两侧有一个分支状的肝脏(黄色或黄褐色)包裹，肝脏的肝小管与肠相通。肠的后段细长，位于腹部的背面，其末端为球形的直肠，通肛门，肛门开口于尾节的腹面。

呼吸系统：共有 17 对鳃，紧贴于鳃腔内壁。鳃羽状，位于鳃腔中。足鳃 6 对，

着生于第 2 颚足至第 4 步足基部两侧，关节鳃 11 对，着生于第 2 颚足至第 4 步足附肢与体壁关节膜上，其中第 2 颚足 1 对，其他各 2 对。虾在呼吸时，水流会进入鳃腔，通过鳃丝完成气体交换。

循环系统：小龙虾的循环系统为开管式。心脏位于头胸部背侧后缘围心腔中，为半透明，多角形的肌肉囊，有心孔 3 对，1 对在背面，2 对在侧面。从心脏向前发出 3 条动脉，即 1 条到达眼部的眼动脉和 2 条触角动脉。从心脏后端向后发出 1 条腹上动脉，这条动脉在近心脏处分出一条胸直动脉，穿过头部中央，到达腹神经索下面，再向前分出胸下动脉和向后分出腹下动脉。血液是一种褐色的液体。

排泄系统：位于第二触角的基部，称为触角腺，包括腺体部（端囊、绿色腺状部和白色海绵管）和囊状部（膀胱），由短的输尿管通向大触角基部，开口于体外。主要排泄物为绿色鸟氨酸，故又称其为绿腺。

神经系统：包括神经节、神经和神经索，神经系统为链状结构。神经节主要有脑神经节、食管下神经节。脑神经节位于食道上方，由胚胎时头部前 3 对神经节愈合而成，其神经分布到眼柄、第 1 触角和第 2 触角。食道下神经节则由头部后 3 对神经节和胸部前 3 对神经节组成，其神经分布到大颚、小颚和颚足。腹神经链由两条神经干组成，在胸直动脉穿过处清晰可辨。神经则是连接神经节通向全身。小龙虾的大脑神经节和神经节可以分泌多种神经激素，主要用于调节小龙虾的生长、蜕皮和生殖生理过程。

生殖系统：小龙虾雄性生殖系统包括精巢 1 对，位于围心腔的前下方，前端分离，后端愈合，输精管 1 对，细长而弯曲，开口于第 5 步足基部内侧，及位于第五步足基部的 1 对生殖突。其雌性生殖系统包括卵巢 1 对，左右完全愈合，位于围心腔的前下方，输卵管 1 对，短而不弯曲，输卵管通向第三对步足基部内侧的生殖孔。雄虾的交接器及雌虾的纳精囊虽不属于生殖系统，但在小龙虾生殖阶段不可或缺。

肌肉运动系统：肌肉运动系统由肌肉和甲壳组成，肌肉为横纹肌，成束，多成对。甲壳也称为外骨骼，具有支撑和保护功能，它在肌肉的牵动下起辅助和运动的作用。

内分泌系统：小龙虾有内分泌系统，但是许多内分泌腺通常与其他组织结构结合在一起。如上面提到的与脑神经节结合在一起的细胞能合成和分泌神经激素；还有眼柄，眼柄是生产神经激素的主要场所，并分泌抑制甲壳类蜕皮和性腺发育的激素，并控制各种生理功能，例如渗透调节、蜕皮、表皮颜色模式和繁殖（Manfrin 等，2015）；还有小龙虾的大颚，它可以合成化学物质甲基法尼酯，它在小龙虾的精子形成、卵细胞蛋白的合成以及性腺的发育中起着重要作用。

第三节　繁殖生物学

本节将针对小龙虾生命史、初次性成熟、生殖季节的交配体质、交配行为、掘洞行为、护幼抚育行为等独特的生殖对策和行为，以及性腺发育，产卵和胚胎发育规律进行概述。

一、生命史

在长江和淮河流域，小龙虾每年 3 月份开始性发育并逐步成熟，7～8 月份进入交配高峰期，9～10 月份抱卵并开始孵苗。雌雄亲虾交配后，雄虾将精荚储存在雌虾纳精囊中，待卵细胞发育成熟后，一边排卵一边释放精子，最后通过体外受精方式，在生殖孔附近进行精卵结合形成受精卵，受精卵由雌虾独立保护并完成抱卵孵化。幼体孵出后，体重约 0.04 g，体长 0.5 cm，偶尔会游离母体附近摄食，一旦发生情况会马上回到母体腹部；待发育至Ⅱ期幼体后，虾苗会慢慢脱离母体，开始独立生存和摄食，经过数次蜕壳，成长为成虾。通常自然状态下的小龙虾寿命不长，平均约为 1 年，笔者曾实验发现，人工养殖条件下，小龙虾的寿命最多可达 2～3 年。

二、繁殖习性

(一)初次性成熟

根据调查和大数据分析：自然条件下，小龙虾的性成熟月龄为 6～9 个月；而人工养殖条件下，小龙虾的性成熟月龄为 6 个月左右，幼虾(5 g 以上)经 2～3 个月即可达到性成熟。龚世园等(2008)发现初次性成熟的小龙虾雌虾最小体长为 6.4 cm，体重 10 g；而初次性成熟的雄虾最小体长为 7.1 cm，体重 20 g。Oluochl(1990)研究表明，肯尼亚 Naivasha 湖泊的小龙虾初次性成熟时，雌虾最小体长为 6.2 cm，雄虾最小体长为 5.9 cm；美国路易斯安那州的小龙虾初次性成熟时，雌雄虾最小体长均为 4.8 cm。可见小龙虾初次性成熟的个体与月龄及其生长水域的生态条件密切相关。

徐增洪等(2014)研究表明，当年培育的小龙虾雌虾(20 g 以上)的卵巢在 8 月份发育到Ⅳ期时相以上的比例为 25%，9 月份这一比例为 50%，10 月份以后达到 65%以上，经过 6～12 个月之后，约 70%以上的雌虾(25 g 以上)达到初次性成熟。

(二)交配与产卵

小龙虾交配时，雄虾先接近雌虾进行“信号”交流，然后雄虾大螯钳住雌虾大螯，尾部抵住雌虾尾部，通过交接器将精荚注入雌虾的纳精囊，受精完成后，雌虾的步足稍微颤动，雌雄虾分离，完成交配过程。小龙虾交配后大约为 30 天产卵。徐增洪等(2014)研究认为，小龙虾交配体制应属于一雄多雌和一雌多雄混合交配制，笔者也在实验中发现这一特性，尤其是交配高峰季的雄虾和雌虾，每尾虾通常可交配 3～5 次不等。

多数人误认为小龙虾是体内受精，实则他们是体外受精。一方面，小龙虾虽是体内交配，但是在交配过程中，雄虾只是将精荚存放入雌虾纳精囊内，并未马上完成受精过程；另一方面，小龙虾是通过产卵方式繁殖，却与鸡、鸭等其他卵生动物不同，小龙虾所产的卵是未受精的成熟卵子，并非是受精卵。

笔者通过对小龙虾的未成熟卵(淡黄色)、成熟卵(深褐色)和受精卵(黑褐色)3 种卵粒进行 H. E. 染色，卵子由小变大，即 100 μm 到 1 000 μm，逐渐发育成熟，成熟的卵子细胞核位于中间，排出体外后，共细胞核由中间移向一端，卵黄小块状物质聚集并趋向分化。该实验再次证明小龙虾属于体外发生精卵结合，使细胞核发生偏移而形成的受精卵。

受不同地域、年份及生态环境差异影响，国内外不同学者研究发现小龙虾繁殖产卵期存在一些差异。Oluochl(1990)研究发现美国路易斯安那州的小龙虾产卵期为 8～11 月份，10 月份为产卵高峰期，肯尼亚的 Naivasha 湖泊一年四季均有繁殖的发生。Huner 等(1984)研究发现路易斯安那州的小龙虾一年有 2 个产卵期。产卵期，很大程度上受环境因素的影响，如水文周期、降雨量和水温等；13℃以下卵的成熟、孵化和个体的生长都被严重抑制，水位的变动对产卵期的推迟或提前也有很大影响。

小龙虾周年可见交配和产卵现象。笔者调查发现，小龙虾的繁殖高峰期为 7～10 月份，交配高峰期为 8～9 月份；小龙虾有两个季节性的产卵高峰期，分别是 3～4 月份和 9～10 月份，其他时间也有零星产卵现象，只不过产卵虾的比例较少。10 月份以后由于水温逐步降低，一直持续到第 2 年春季，抱卵虾才孵化。

(三)繁殖期掘洞行为

小龙虾的繁殖行为与掘洞行为密切相关，繁殖期的掘洞数量较非繁殖期明显增多。7～10 月份，多数亲虾栖息在洞内繁殖，洞穴深度为 50～80 cm。

徐增洪等(2014)研究发现，小龙虾的掘洞行为表现出明显的季节性。8 月、9 月、10 月份的掘洞强度最高，洞穴分布密度也相应最高，平均洞穴数量有 4.6 个/m^2；4～7 月份次之，平均洞穴数量有 2.8 个/m^2；11 月至翌年 3 月最低，平均洞穴数量不到 1 个/m^2，在实际观察中发现在冬季和早春(12 月至翌年 3 月)几乎没有掘洞行为。从洞穴中虾的数量情况看，8～11 月份 85%的洞穴中有 2 尾虾，绝大部分是一雌一雄，两尾雄虾同处在一个洞穴中的情况比较少见；而冬季和早春季节发现在一个洞穴中有 3 尾以上的比例最高，有的洞穴甚至有 5 尾虾；对抱卵（仔）的统计结果表明，4～6 月份洞穴中没有发现抱卵（仔）虾，7～9 月份发现抱卵虾的洞穴数量不超过 20%，而到 10 月份以后至翌年 3 月份，65%以上的洞穴中有抱卵（仔）虾，有时可高达 80%，而且在一个洞穴中只有一尾抱卵虾。另外，Oluochl（1990）研究美国路易斯安那和肯尼亚的 Naivasha 湖泊小龙虾的繁殖洞为 10～70 cm，龚世园等（2008）研究为 50～80 cm，其下限值差异较大。

（四）小龙虾的繁殖力和抱卵数

关于小龙虾的年产卵次数说法不一，有的学者认为是 1 年产 1 次卵，有的学者认为 1 年可多次产卵。徐增洪等（2010）认为在人工培育条件下，有极少数个体在一次产卵后经 3～4 个月恢复后性腺发育成熟可再次产卵。笔者实验发现，人为控温控光、强化营养可提高非高峰期产卵虾的比例，也可使产卵后的虾性腺重新发育成熟，并再次抱卵孵化。所以，合理配合恒温、高氧等环境控制，小龙虾雌虾的产卵情况将很少或不再受月份的变化而变化。

龚世园等（2008）研究结果表明，小龙虾的个体平均绝对繁殖力为 517 粒，比肯尼亚的 Naivasha 湖泊平均绝对繁殖力 433 粒高。笔者实验发现，深圳地区小龙虾的平均产卵数为 200 粒，且抱卵中偶尔会存在个别未受精卵粒，与长江流域野生小龙虾的产卵数（500～1 000 粒）还存在一定差异。

（五）关于小龙虾的胚胎发育时间

小龙虾产出的卵受精后借助卵膜形成的胶丝，粘在雌体腹肢的刚毛上进行胚胎发育，此即抱卵孵化。关于小龙虾的孵化时间诸多学者说法不一，这或许与小龙虾的来源、实验地点、实验季节、生态条件等因素有关。笔者实验发现，在 22～30℃时，随着温度的上升，胚胎发育时间会加快，孵化时间会缩短，平均孵化时间为 20 天；18～22℃时，温度越低，孵化时间会延长，平均孵化时间为 40 天；5～18℃时，温度越低，孵化时间会延长，平均孵化时间为 60～90 天；高于 30℃时，个别胚胎开始受到破坏而无法继续发育。

三、性腺发育

（一）卵巢发育和卵子发生

小龙虾的雌性生殖系统由 1 对卵巢和输卵管组成（殷海成，2007）。卵巢为成对结构，位于心脏下方，肠道的上方，被肝脏覆盖，整个卵巢呈“Y”字形，各部分呈棒状结构。头胸甲与腹部交会处的卵巢前部左右愈合，中部两侧各引出一条输卵

管，并沿两侧围心腔壁通向腹部的第3步足即生殖孔，后部向头部方向分成两叶(李胜等，1999)。卵巢由小到大的颜色变化依次为白色→淡黄色→橙黄色→浅褐色→深褐色。此外，还有生殖辅助器——纳精囊，主要用来贮存精荚、维持精子活力。

1.卵巢发育

卵巢主要由结缔组织构成的卵巢壁、生殖上皮细胞、滤泡细胞、血管及肌肉细胞组成。雌虾性别分化后，原始的原生殖细胞发育为卵巢原基，并开始发育，直到形成肉眼可以见到的生殖腺卵巢，即第Ⅰ期卵巢，这是一个漫长的过程。

为了鉴别方便，可根据卵巢的外观和组织学结构等将其进行分期。多年来，国内外在卵巢发育分期上存在多种不同的表述，参照诸多学者(徐增洪等，2010；郭风英等，2012)的分期方法(表2-1)，笔者通过解剖观察记录，根据雌性小龙虾的卵巢大小、颜色及形态特征，将卵巢分为6期：

Ⅰ期　卵巢位于心脏下方，肠道的上方，被肝脏覆盖，肉眼可见一对透明呈乳白色的"Y"形结构，互相粘连成团块，不能分离。多数细胞处于从卵原细胞繁殖期向初级卵母细胞过渡的阶段。卵粒较小。

Ⅱ期　卵巢呈淡黄色。肉眼可见卵粒增大，其表面已黏液覆盖。多数细胞处于小生长期的初级卵母细胞，细胞呈多角形或圆形。

Ⅲ期　卵巢呈深黄色，颜色逐渐变黄并加深，卵粒明显增大。多数卵细胞处于大生长期的卵黄积累阶段。核仁除分布于核膜的边缘外，也在核的中部。卵黄在边缘沉积并向中央扩展，卵膜中出现放射纹，其外面有双层滤泡膜，在细胞膜内缘发生一层一层的液泡。卵膜增厚。

Ⅳ期　卵巢增大，充满整个腹腔。一般为浅褐色，但也有呈淡灰黄色或棕黄色的。多数卵细胞处于大生长期的卵黄充满阶段。卵黄充满核外空间，只有核周围及核膜内缘含有细胞质。细胞核呈椭圆形，核中央有核仁，核膜呈波浪形，波浪突出部分也常有核仁。

Ⅴ期　卵巢松软，呈深褐色。卵子从滤泡中排出，透明如玉，粒粒分离，大量卵粒进入卵巢腔，处于流动状态。

Ⅵ期　产过卵不久或退化吸收的卵巢。卵巢中有过分成熟而未排出的卵粒，仅有少量未成熟卵粒残存，呈现白浊的斑点。

因此，雌虾卵巢发育时期可从卵巢形态、大小和外观颜色加以区分，当卵粒均匀饱满，卵径达到1.7 mm左右，卵色呈棕褐色时表明卵巢发育已成熟。卵巢发育是一个连续的过程，一旦雌虾开始性成熟，在雌虾整个繁殖期，生殖上皮细胞便不断地增殖，卵原细胞不断发育，进行有丝分裂成为卵母细胞，再发育为卵子。

表 2-1　小龙虾雌虾卵巢发育及分期特点

卵巢发育分期	颜色	特点
Ⅰ期	白色	卵粒难以分辨
Ⅱ期	灰色、淡黄色	卵粒细小不均匀，不可分离（卵径 0.25～0.55 mm）
Ⅲ期	橙黄、深黄色	卵粒分明，不饱满，不易分离（卵径 0.55～1.10 mm）
Ⅳ期	浅褐、咖啡色	卵粒饱满均匀，卵粒可分离（卵径 1.10～1.75 mm）
Ⅴ期	深褐色	卵粒饱满均匀，挑破卵膜有卵粒流出（卵径 1.75～2.15 mm）
Ⅵ期	白色透明	卵巢内只有残存的少数未成熟卵粒，卵巢为冠状空腔

表格资料来自郭凤英等(2012)。

2. 卵子的发生

根据小龙虾卵母细胞的大小、性状、染色、核仁数目、卵黄积累情况，以及卵母细胞与滤泡细胞的关系，将小龙虾卵子的发生划分为卵原细胞、卵黄合成前卵母细胞、卵黄合成期卵母细胞及成熟期卵母细胞 4 个时相（宋光同等，2018）。

卵原细胞（增殖期）：卵原细胞附着于卵室内边缘，多数近圆形或卵圆形，长径 2.89～6.47 μm，短径 1.54～4.06 μm；细胞核大，核质着色浅，染色质呈絮状聚集，长径 1.99～4.80 μm，短径 0.88～3.06 μm；核仁较多，多数沿核膜边缘分布；少量卵原细胞较大，染色质呈细线状。细胞质少，围绕在细胞核周围形成很薄的一层，嗜碱性。卵巢壁疏松结缔组织内分化增殖滤泡细胞。

卵黄合成前卵母细胞（小生长期）：卵母细胞迅速增大，细胞质增多，卵母细胞近圆形或不规则形，长径 59.85～134.32 μm，短径 35.05～93.74 μm。细胞核圆形或卵圆形，长径 20.75～37.22 μm，短径 17.42～25.66 μm，核质内充满絮状颗粒；核仁 8～10 个，呈颗粒状，染色较深，沿核膜边缘分布。细胞质呈嗜碱性，布满蓝色颗粒，无卵黄积累。滤泡细胞开始分割包围卵母细胞，滤泡细胞多呈扁平形、卵圆形。

卵黄合成期卵母细胞（大生长期）：根据卵黄积累、大小、分布情况，将此发育期分为初期、中期、后期。

初期（大生长期 1）：卵母细胞继续增大，卵母细胞呈不规则圆形，长径 115.73～261.88 μm，短径 90.02～178.44 μm；核卵圆形，长径 22.05～35.27 μm，短径 20.54～28.63 μm，核质内充满絮状颗粒，核仁 8～10 个，沿核膜边缘分布。细胞膜边缘开始聚集细小颗粒状卵黄，呈嗜酸性，被染成浅红色，中央出现少量大颗粒卵黄颗粒，细胞质充满白色空泡；卵母细胞四周的滤泡细胞增多，滤泡细胞呈扁平形、卵圆形、圆形。

中期(大生长期 2):卵母细胞呈不规则圆形,长径 187.20～196.22 μm,短径 149.18～183.27 μm;核卵圆形,被染成蓝色,长径 19.48～42.74 μm,短径 16.75～35.38 μm,核仁 6～8 个,沿核膜边缘分布。细胞质嗜酸性,被染成红色,胞质中卵黄颗粒由细胞膜边缘向中央扩散,粒径逐渐增大,最大达 2.80 μm;细胞质充满白色空泡,在细胞核膜周边可见蓝色核物质;滤泡细胞呈近圆形。

后期(大生长期 3):卵母细胞呈卵圆形,长径 287.54 μm,短径 207.9 μm,细胞核开始皱缩,细胞质嗜酸性,在细胞质中充满大颗粒状卵黄颗粒,粒径最大达 3.5 μm;细胞核外围周边染色较浅,细胞质充满白色空泡。滤泡细胞呈圆形。

成熟期卵母细胞:卵细胞近圆形,直径 252.6 μm。细胞核消失,细胞质嗜酸性,细胞质中充满大颗粒卵黄,粒径最大达 6.70 μm。卵母细胞与滤泡细胞已发生分离。

3. 卵黄蛋白

卵黄发生是卵母细胞中的卵黄物质形成并积累的过程,是卵巢发育成熟的内核指标。卵黄蛋白的主要成分是糖-磷脂-蛋白质。卵巢的脂类主要是卵黄中的脂类,主要是磷脂(脑磷脂和卵磷脂)和中性脂(甘油三酯和胆固醇)。中性脂则以脂肪滴的形式存在于卵黄物质中(堵南山等,1999)。不同发育期的脂谱研究表明,卵巢发育成熟之前,磷脂、甘油酯、甾醇类均随着卵巢发育期逐渐增加,这些脂类的数量也显增加。甲壳类卵黄的碳水化合物主要是糖类物质。在甲壳动物卵粒细胞中存在的糖类物质主要包括中性多糖、糖原及 1,2-乙二醇多糖(陈俅,1990)。糖类的出现可能是在滤泡细胞形成之后,滤泡细胞具有向卵母细胞提供糖或构成糖类物质的功能(王兰等,1999)。卵母细胞发育早期,多糖和脂类一样以自由状态存在,随后再与蛋白质形成复合体。雌虾卵巢营养度较高时,成熟度较低,这或许是由于卵巢发育过程主要发生卵黄蛋白的消耗和转运,用于卵黄的积累,并提供小龙虾产卵所需要的能量,在小龙虾大量产卵的时期消耗掉较多的能量,使得营养度减小;相反,当产卵结束后,营养度逐步开始增大。

雌虾卵细胞除了为后代提供遗传物质基础外,还要提供营养物质,以进一步促进受精卵的发育。卵黄蛋白是卵细胞形成过程中积累在卵黄颗粒中的主要蛋白成分,在胚胎发育中起着至关重要的作用。卵黄蛋白是一种高密度糖蛋白,是小龙虾卵黄的主要成分。它在卵黄发育过程中迅速积累,并储存在卵细胞中。它是胚胎和幼虫早期发育的主要营养来源。卵黄蛋白可以为发育中的胚胎提供氨基酸、脂肪、碳水化合物、维生素和磷等营养物质,还可以促进动物卵母细胞在培养中的生长和分化。胚胎发育所需的主要营养物质来自卵黄蛋白,而Ⅰ期幼体发育的重要营养来源也是卵中存储的卵黄蛋白。

近年来,对小龙虾卵黄蛋白的研究已逐步加深。小龙虾的卵黄蛋白经过纯化和生化鉴定,像其他甲壳类动物一样,大多数脂质是磷脂(包括中链和长链单链不饱和脂肪酸)和少量胆固醇和甘油三酯。类胡萝卜素的存在可以影响卵黄蛋白的颜色。其颜色因受类胡萝卜素的影响而有所差异,成熟的小龙虾卵巢为深褐色。谢松等(2006)通过电泳回收对小龙虾的卵黄蛋白进行了纯化,结果显示总分子质量为 481 ku,具有 6 个亚基(198,176,132,111,92,82 ku);染色分析表明该蛋白是一种糖脂磷类胡萝卜素蛋白,亚基之间有 1 个二硫键交联。

(二)精巢发育和精子发生

雄性小龙虾生殖系统主要包括精巢、输精管、壶腹和精荚 4 个部分,颜色均为白色。此外,还有雄性生殖辅助器——交接器。精巢外被结缔组织包膜,内由上皮生精细胞组成。精巢发出 2 条螺旋形的输精管,从心脏下方经过围心窦壁会合于第 3 腹节,与交接器相通。

精子发生于精巢,形成的精子无鞭毛,汇聚成精子团,由分泌物包裹运输至输精管后段,形成精荚。分泌管上皮细胞分泌物含中性黏多糖及酸性黏多糖,而精荚包膜(精荚壁)则只含酸性黏多糖而不含中性黏多糖。

精巢由许多生精小囊和收集管组成,其结构呈葡萄串状,生殖细胞在生精小囊内发育成熟后由收集管输送到输精管;输精管有左右两条,相对于左侧输精管,右侧输精管比其约长一半,直径更大,卷曲程度更高,内容物含量更多,分泌细胞内的内质网含量更丰富;输精管根据形态不同分为前、中、后 3 段,前中段具有分泌精荚壁物质的功能,后段具有储存、射出精荚的功能;精荚呈梭形,由精子团、精荚基质和两层精荚壁组成,精子团偏向精荚一侧分布。

1.雄性生殖系统

精巢:精巢位于头胸甲内靠背部、围心腔之下、肝脏之上并紧贴围心腔,呈米白色,末端与输精管相连。精巢的大小和颜色随着繁殖季节的到来而不同,未成熟的精巢呈白色细条型,成熟的精巢呈淡黄色的纺锤型,后者体积较前者大数倍到数十倍不等(吕建林,2006)。

输精管:位于头胸甲与腹部交接的空腔,根据管径大小及内部结构差异,可分为前、中、后 3 段。前端从精巢的基端伸出,肉眼难以辨别。前段输精管的外壁为结缔组织,较为透明,内壁为单层上皮细胞,支管以立方上皮细胞为主,主管内壁多为柱状上皮细胞。中段输精管较为粗大,弯曲地伸出头胸甲两侧,外观清晰,分为白色混浊和透明部分,其内分别为分泌管道和输精管道。中段输精管沿鳃后缘下行,之后管径又逐渐变细通达第五步足的基部。末段输精管与输精管其他部分比较，管径粗大，色泽发白，性成熟时最为粗大，色泽最深。管的外壁与前端相同，外为结缔组织，管的内壁为柱状上皮。

壶腹：壶腹呈梭形结构，与输精管后端连接，两端均开口于第五步足基部。精荚储存的场所，并为精荚内精子提供营养。

精荚：精荚呈管状结构，呈乳白色，为输精管内的精子团及分泌物攒集而成，位于第五步足的基部靠前的后段输精管里。由精子团和嗜酸性分泌物构成。

交接器：有两对，均为白色钙质管状结构，一对位于第五步足和第一游泳足之间，另一对由第一对游泳足内肢特化而成，随着小龙虾的生长逐渐发育增大，两对最终愈合，形成大致呈半管形的特殊结构。

2.精子的发生

精子发生于精巢的内壁发生层，由精原细胞经减数分裂发育而成。小龙虾精子的发育为非同步。精巢小管基端的细胞分裂早于末端的细胞；不同小管内细胞发育期亦不尽相同，并同时存在多个细胞期。笔者根据细胞大小和形态将精子的发生分为精原细胞、初级精母细胞、次级精母细胞、精细胞和精子 5 个阶段。

精原细胞：精原细胞位于生精小管靠近基膜边缘的位置。细胞为卵圆形或椭圆形，核呈卵圆形。核内染色质较均匀，部分染色质聚成异染色质小团块。

初级精母细胞：初级精母细胞近圆形，体积比精原细胞略小，细胞核呈卵圆形，核染色质凝聚成异染色质团块的程度明显增加，有很浓的染色质。

次级精母细胞：次级精母细胞近圆形，核圆，次级精母细胞时期核发生明显变化。起初，核异染色质数量增加并相互之间联成浓密粗网状，胞质中囊胞数量增加，随后核发生减数第一次分裂。

精子细胞：次级精母细胞完成减数第二次分裂后即形成精子细胞。早期精子细胞核呈圆形，染色质高度浓缩。

精子：精子细胞完成一系列变态过程后发育为精子。精子形成初期，胞质相对均匀地包围在核外周，其间偶有线粒体。随着精子的成熟，细胞质逐渐丢失减少，电子密度比核质高。而相对于顶体的另一端，几乎没有胞质的存在，仅残留一些膜性结构。精子的核染色质则从精子细胞的高度凝聚浓缩状态解聚为弥散状。

3.精巢及精子的周年变化情况

雄性成虾的精巢发育情况受季节影响很大，自然状态下，精巢在 3 月份、5～8 月份和 10 月份几个时期的成熟度较高（表 2-2），这里与黄文虎等（2012）研究基本一致。体重较大的雄虾精巢发育越成熟，主要体现在精子发育中各个时期的比重上。此外，笔者针对不同月份小龙虾精荚的实验发现，对于雄性成虾，3～11 月份体内均有精荚生成；12 月份至翌年 2 月份体内精荚较少或没有。

表 2-2 成年雄虾精巢中最大占比细胞期的周年变化情况

月份	精原细胞	初级精母细胞	次级精母细胞	精子细胞
1 月	√	√		
2 月		√	√	
3 月				√
4 月		√	√	
5 月	√			√
6 月	√			√
7 月		√		√
8 月			√	√
9 月	√			
10 月				√
11 月	√	√		
12 月	√	√		

第三章　小龙虾育种

“国以农为本，农以种为先”，种业是发展现代农业的核心。水产种业已成为我国水产养殖业的重要支撑，近20年来，我国系统开展了鱼、虾(蟹)、贝、藻、参的组学研究，系统建立了杂交、诱变、多倍体和复合性状人工选择育种等技术，培育出201个水产生物新品种，是世界上培育水产养殖新品种最多的国家，在水产生物育种技术方面处于领跑地位。

目前，国内外对小龙虾育种的研究尚处于起步阶段，有关小龙虾群体选育、家系选育、遗传评估及育种技术研究报道极少。近几年，小龙虾跃居我国甲壳类养殖产量和总产值第一，其养殖苗种供应仍主要依靠野生原种和养殖户池塘自繁自育，尚未有人工选育的新品种，育种水平远落后于其他主要养殖品种，与其产业规模第一地位极不相配。目前，全国有500万养殖户参与小龙虾养殖，有能力开展小龙虾育种繁殖的寥寥无几。主观原因是养殖水平低、投资大、育种周期长；客观原因是小龙虾生长、发育、交配、孵化等均不同步，种质资源不好控制，基础性研究不够深入，技术难度大。

当前，小龙虾种质退化严重。一方面，由于目前小龙虾消费市场十分火爆，野生小龙虾被过度捕捞，每年野生资源以30%的速度急剧下降，野生群体数量下降导致自我修复的能力降低，出现种质资源退化现象；另一方面，当前国内虾稻养殖主要利用小龙虾池塘自然繁殖方式育苗，自然繁殖的小龙虾易出现近亲繁殖现象，导致龙虾个体越来越小，种质退化严重(舒新亚，2010)。因此，开展小龙虾原、良种种质资源保护，小龙虾的良种选育迫在眉睫且任重道远。

第一节　我国小龙虾种质资源及遗传评价

一、我国小龙虾分布和迁徙途径

小龙虾为外来物种，一般认为小龙虾1929年从日本到南京是唯一的一次引入

（李家乐等，2007；Yue 等，2010），但是李艳和（2013）用微卫星方法对我国不同地区 35 个样品的遗传分析显示小龙虾不排除可能是由多个事件引入的，其结果表明：小龙虾可能从日本引入，南京可能是小龙虾最初引入的地方，然后主要依靠自然扩散和人工介导的扩散沿着长江中下游扩散到长江中上游。水系间的交流是小龙虾扩散的主要途径。自从 20 世纪 80 年代开展人工养殖后，人们养殖生产活动可能导致小龙虾种群产生跳跃性扩散，进入淮河流域、珠江流域和其他河流、湖泊（杨玲等，2015；黄锦龙等，2017）。

二、我国小龙虾种质资源及遗传多样性分析

（一）AFLP 分析

黄羽（2012）利用 AFLP 方法标记分别分析了鄱阳湖流域小龙虾的种群结构、动力学和长江中下游主要的几个湖泊鄱阳湖、洪泽湖、洞庭湖和岳湖小龙虾群体的遗传多样性及其遗传结构、系统发生关系，揭示了长江中下游地区 6 个群体的遗传多样性处于中等水平，遗传变异主要存在于群体内，群体之间存在一定程度的遗传分化。

（二）RAPD 分析

张玮等（2010）应用 RAPD 技术对淮河水系的怀远县和盱眙县，长江水系的潜江市和升金湖 4 个地理群体的小龙虾遗传多样性分析结果表明，4 个群体有一定遗传分化，其中怀远群体和潜江群体之间的遗传距离最大（0.333 3），潜江群体和升金湖群体之间的遗传距离最小（0.220 3）。怀远群体内的遗传相似系数最高（0.918 7），盱眙最低（0.890 0）。淮河水系的怀远群体和盱眙群体聚为一支，长江水系的潜江群体和升金湖群体聚为一支。

张龙岗等（2014）和杨玲等（2015）分别对山东 3 个小龙虾不同野生群体进行了遗传差异的 RAPD 和 COI 分析，结果表明济南小清河（QH）、东平湖（DP）和微山湖（WS）群体遗传多样性总体处于较低的水平。其中 RAPD 分析结果表明：济南小清河群体和微山湖群体之间的遗传距离最大（0.315 5），微山湖群体和东平湖群体之间的遗传距离最小（0.202 7）。济南小清河群体内的遗传相似系数最高（0.941 1），微山湖群体内的最低（0.902 3）。UPGMA 聚类结果显示，微山湖群体和东平湖群体聚为一支，济南小清河群体聚为另一支。

（三）SSR 分析

王长忠等（2009）利用 SSR 方法进行了小龙虾遗传多样性分析，揭示了长江 4 个群体（南京、盱眙、合肥、南昌）遗传多样性处于中等水平，其中南京群体遗传多样

性最高，合肥群体最低。

曹玲亮等(2010)利用9对微卫星分子标记对采集的安徽境内长江、淮河和新安江三大流域4个地区9个地点的182个小龙虾样本进行遗传多样性分析，结果表明所研究区域小龙虾种群遗传多样性处于较高水平，总的期望杂合度(HE)和观测杂合度(HO)分别为0.78和0.36。邢智珺等(2014)研究表明江苏8个地理群体遗传多样性水平较高且群体间存在中度分化。

李喜莲等(2016)选用10对小龙虾微卫星引物对桐庐、太湖、湖北、江西、洪泽湖、崇明、广西、海盐8个小龙虾群体的遗传多样性状况和遗传结构进行研究发现，8个小龙虾群体的平均观测杂合度值为0.525 7～0.740 0，平均期望杂合度值在0.623 8～0.743 4，平均多态信息含量在0.420 9～0.684 0。其中广西群体遗传多样性最高，太湖群体遗传多样性最低。

黄锦龙等(2017)用7对微卫星多态性引物分析珠江流域21个小龙虾种群共845个样品以及流域外2个种群(南京和岳阳种群)共59个样品，研究结果表明珠江流域内的小龙虾的遗传多样性低于长江流域的种群遗传多样性。此外，珠江流域内的小龙虾种群间发生明显的遗传分化(平均FST =0.13)，遗传距离与地理距离并无显著相关性，表明珠江流域内存在多次的人为引种。

谭云飞等(2020)利用8个SSR标记研究长江中下游流域13个小龙虾群体遗传多样性和遗传结构，分析结果表明：各群体不同标记位点的等位基因数为3～5个，平均期望杂合度、平均观测杂合度与多态性信息含量分别分布在0.37～0.57、0.23～0.48与0.44～0.56，表明在这些群体中存在较丰富的遗传多样性。群体遗传距离聚类分析得出：13个小龙虾群体初步分化为3个类群，分别是以太湖与鄱阳湖为代表的类群，以重庆与巢湖为代表的类群和以洪湖、洞庭湖与洪泽湖等为代表的类群。

三、小龙虾遗传学研究

(一)染色体研究

染色体是细胞核内一种重要结构，是遗传物质的主要载体，其数目和形态不仅具有种的特征，而且能反应出生物进化的历史。对物种染色体核型进行分析，不仅能了解该物种的遗传组成、遗传变异规律和发育机制，而且对预测多倍体育种和鉴定种间杂交结果等具有重要意义。

Murofushi等(1984)首次将空气干燥法制备染色体的技术在小龙虾上使用，检测到染色体数为$2n=188$。小龙虾染色体数目众多、形态短小的特征，染色体研究的难度大。Salvadori等(2014)以精巢为研究材料，统计的小龙虾的染色体数目

为 $2n=188$，对染色体数目进行了简单的配对，但有 20 个最小的染色体无法完成配对。张莎等(2018)以精巢组织为研究材料，经姬姆萨和 DAPI 染色体后，统计小龙虾的染色体数目为 $2n=188$，并进行了核型分析，发现有 17 条染色体呈点状，找不到着丝粒，归为端部着丝粒染色体，核型公式为 $n=55\,m+22(\text{sm},\ \text{st})+17\text{T}$。石林林等(2019)采用一种改进的染色体制备方法，从小龙虾的触角腺中获得了高质量的染色体中期相，比较分析了雌雄染色体核型之间的差异。结果表明，雌雄小龙虾的染色体数目均为 $2n=188$，核型公式为 $n=94=61m+19\text{sm}+7\text{st}+7\text{T}$。雌雄小龙虾在染色体核型数据上有所差异，雌性小龙虾的染色体相对长度范围为 0.72%～1.61%，雄性小龙虾的染色体相对长度范围为 0.58%～1.89%；雌雄小龙虾最大的染色体均是 sm 型，而雌雄最小的染色体不同型，雄性最小的染色体为 T 型，雌性最小的染色体为 st 型；雌雄小龙虾的 st 型染色体的形态差别最大。但以上研究均未发现异型性染色体。

(二)小龙虾不同地理群体的形态差异

形态学特征的差异既受到遗传因素的调控，又受到自然环境的影响。对不同小龙虾种群的形态学鉴别和差异分析，可为小龙虾不同地理种群的种质资源保护与合理利用提供基础的生物学数据资料。小龙虾对环境的适应能力强，在广泛分布与我国诸多水域同时又迅速的适应了各个水域的生态环境，并在不同水体生态环境中出现了一些适应性的形态分化。Li 等(2013)的研究表明，中国大陆范围内的小龙虾群体间并未产生明显的遗传分化现象，遗传差异尚未达到亚种水平。

张萌等(2016)采用聚类分析、主成分分析和判别分析 3 种多元分析方法，对中国大陆地区长江水系、珠江水系、淮河水系、东南沿海水系与台湾省桃园县及原产地美国路易斯安那州纳契托什共 12 个自然水体小龙虾群体的 14 个形态比例性状进行形态差异性分析，分别是额剑长/体长(X1)，腹部长/体长(X2)，尾长/体长(X3)，头胸甲长/体长(X4)，头胸甲宽/体长(X5)，全长/体长(X6)，第二步足长/体长(X7)，胸甲长/头胸甲长(X8)，腹部长/头胸甲长(X9)，头胸甲宽/头胸甲长(X10)，胸甲长/头胸甲宽(X11)，额剑长/额剑基底宽(X12)，第二腹节长/第二腹节宽(X13)，第六腹节长/第六腹节宽(X14)。聚类分析结果和主成分散布图显示，台湾桃园县与美国路易斯安那州纳契托什 2 个小龙虾群体首先聚为一类，再与中国大陆地区群体聚为一类。其中中国大陆地区群体趋于分为两类，长江水系中下游干流群体、长江水系鄱阳湖支流群体与珠江水系群体聚为一类，长江水系上游干流群体、长江水系太湖支流群体、长江水系乌江支流群体、长江水系洞庭湖支流群体、淮河水系群体、东南沿海水系群体聚为一类。主成分分析中，雌性群体前 4 个主成

分贡献率依次为31.518%、23.382%、15.823%、8.767%；累积贡献率79.491%；雄性群体前4个主成分贡献率依次为30.396%、23.407%、16.344%、9.665%，累积贡献率为79.811%。研究结果表明，不同自然水体中的小龙虾群体存在一定的种内不同群体间外部形态差异，该差异主要集中存在于头胸部和腹部的若干性状指标上，可能是因栖地自然水体的不同生态环境因素所导致。

（三）小龙虾的性选择与遗传进化策略研究

性选择是指动物雌雄个体间在繁殖时采用各种各样的性选择行为去选择最佳的配偶进行交配，以获取更优质的基因，提高后代的遗传多样性，并促使它们最大成功的繁殖后代而采用的交配策略。宋亮等(2013)利用体外标记法对来自宁波、南通、古里、大义和白茆5个地区小龙虾的性选择行为进行研究，试验中共记录到220对交配虾，其中异地交配的186对，占总数的84.55%($P<0.01$)。交配虾中雌雄虾体重差在5 g以下和体长差在0～1 cm间的交配对数分别占总数的64.09%和85.00%($P<0.01$)。结果表明，小龙虾更趋向于选择个体大小与自身相当的虾完成交配以增加交配的成功率，并选择异地虾进行交配以减少近亲繁殖，提高其种群的遗传多样性。

雌性小龙虾具有纳精囊，在繁殖季节可与不同雄性交配多次，其特殊器官纳精可长时间储存精子，具备不同雄虾精子竞争的生物学基础。精子竞争作为性选择的形式，深刻影响物种进化的速率和方向，具有重要的进化和生态学意义。精子竞争产生的压力，促使很多物种雄性产生进化或采取相应对策去适应精子竞争以获取更多的父权，其主要通过长时间的抱对、交配器官的进化及精子形态的改变等机制影响精子竞争。宋亮等(2013)利用不同群体小龙虾的种间交配，采用单对交配的方法，待雌虾与一尾雄虾(♂1)交配成功后，再与另一尾雄虾(♂2)进行交配，最后培养雌虾至幼体孵化，采用扩增片段长度多态性分子标记技术对幼体及亲本之间的亲缘关系进行研究，对其精子竞争现象进行探讨，试验结果发现6组试验中有4组出现了特殊性条带(雄1特有或雄2特有)，其中有3组的P2值均超过70%，平均为(75.19±1.80)%，表明小龙虾存在精子竞争现象，且最后交配雄虾精子优先受精。

小龙虾引入中国90多年，其遗传多样性一直保持较高的状态，这与其生殖方式有着密切的关系。小龙虾趋向于选择异地虾进行交配，并且更易选择地理距离相对较远的虾。因此，小龙虾可能通过选择与自身差异较大的异性完成交配，并且通过精子竞争尽可能地保留优质精子，最大限度地避免近亲交配，使种群的遗传多样性维持在较高水平。

第二节　小龙虾良种选育及策略

一、种质资源管理

参照《中华人民共和国渔业法》(2013 年修正)和《水产种质资源保护区管理暂行办法》(农业农村部令〔2011〕第 1 号),要对具有较高经济价值和遗传育种价值的水产种质资源进行保护,开展水生生物资源及其生存环境的调查监测、资源养护和生态修复等工作。小龙虾种质资源,是指选育小龙虾新品种的基础材料,包括小龙虾的引入种和野生种等的繁殖材料,以及利用上述繁殖材料人工改造的各种遗传材料,包括头部、腹部、螯、尾部、卵巢、虾苗、组织、细胞和 DNA、DNA 片段及基因等有生命的物质材料。

预防小龙虾原有种质资源退化,是选种、配合管理的重要内容。小龙虾的产卵量较少,每尾亲虾只能产卵数百个不等,但抱卵率高。如果多年自繁自育,不按数量遗传学规律留种,就有可能发生过度近交问题。这是因为如果在一个闭锁的无种质交流的繁殖系统内,亲体太少,或者留种不当,必然导致基因杂合度下降。究竟保留多少个群体的种虾,才可将近交系数降到人们能接受的程度,要考虑有效产卵群体的大小。育种的目的是能保留小龙虾原有的优良性状,进而不断地选择、保留对人有利的新出现的经济状变异。实际情况是,由于小龙虾在人工护养下繁殖,基本上失去自然选择压力,使一些突变出对人不利的性状基因容易保留,如果不被及时淘汰,就可能逐代遗传。如果在一个封闭的小群体内世代保留亲体,有可能出现不良经济性状的隐性基因型纯化,也就是经常所说的品种退化。种质退化的原因十分复杂,但是,育种者经常会遇到的原因有以下几个:留种不当或有效繁殖群体太少造成近亲交配;长期不良养殖条件造成的过度选择;亲体质量差,有明显遗传缺陷;过度控温控光等,而不注重亲体的营养需求等。笔者认为,正确地依据遗传规律保留和选择小龙虾亲体,可以预防种质出现问题。

早期的数量遗传学研究已经表明,生物生理性状的平均表现型由于近交而减弱时,称作近交衰退。连续的近亲交配必然导致近交系数加大,而近交率与有效繁殖体大小成反比。相同量的繁育群体中,只有繁育群体的雌雄数量完全相等时,才能证明有效群体最大。近交系数与繁育群体中每个雌性亲体产生或留种的后代数量有关留种数量不平衡影响有效繁殖群体,从而增加近交系数。因此,只有每代保留同样的亲体量,而且雌雄性比为 1∶1 才可使有效群体最大。根据以上原理,为防止小龙虾种质退化，至少应该做到如下几个方面的工作。

（一）优选高遗传多样性群体

遗传多样性高的群体，环境适应能力强。种虾培育应优选遗传多样性高的繁殖群体，并且保持足够的雌雄虾亲本数量。1988 年，Busack 等通过对美国南部的 9 个小龙虾种群进行遗传变异分析，发现小龙虾表现出很少的种群内或种群间变异，且无明显类群。2009 年，王长忠等利用 17 对微卫星引物对长江下游地区南京、盱眙、合肥、南昌 4 个不同地理群体的小龙虾进行了遗传多样性研究，发现南京群体遗传多样性最高，合肥群体最低；4 个小龙虾群体的基因流为 1.372 9～5.916 1，遗传分化指数为 0.040 5～0.154 0，群体间基因流水平较高，群体间遗传分化程度较小。聚类结果显示 4 个群体可分为 2 支：南京、南昌、盱眙 3 个群体聚为一支，合肥群体独自成一支。2010 年，费腾等利用微卫星标记技术，选用 PclG－02、PclG－04、PclG－08、PclG－17、PclG－28 等 5 个多态性高的微卫星标记，对 5 个小龙虾群体（洪泽湖与长江的野生群体及洪泽湖 3、4、5 年塘封闭水体的养殖群体）遗传多样性进行分析，发现小龙虾属于高度多态的群体，小龙虾群体的遗传变异都较大。以上诸多研究表明，小龙虾群体的遗传多样性普遍较高，环境适应能力普遍较强，研究为小龙虾遗传育种、资源保护和利用提供一定的理论参考。

（二）避免近亲繁殖

结合杂交优势理论，种虾优先选取亲缘关系较远的双亲通过杂交选育而来的一代二代群体，按照雌雄 1∶1 的性比混合在同一水体内进行交配。同时，每年适当引入异地优质种群，因为不同区域水系选种，有一定生物阻隔作用，可以防止品种退化引发头大、螯大、尾短等情形发生。

（三）种虾质量评估

育种需注意几个遗传参数，例如个体的育种值（基因相加效应），亲本与后代的相关性，全同胞和半同胞后代的遗传获得量。选择压力可以维持在 5%～10%。小龙虾经济性状的选择指标通常是成活率、生长速度，但是笔者认为繁殖力及雌虾的成熟率、成熟天数也应该作为选育目标，这些参数基本上均在工作结束后评估。在日常生产过程中，根据表观特征与病原检测，及时淘汰不合格个体。

（四）种质传代保护与利用

1. 做好良种选育，构建高标准良种场。

2. 做好亲代与各子代的编号，每传一代，可在原先的种虾编号上增加一个传代号，不同种虾可分为传代种虾和商用种虾。若优势较为明显的种群，可适量增加其传代的数量。

3. 尽量避免良种场意外情况的发生，提供备用发电机。

4. 连续多代选育无特定病原的小龙虾群体，提供优质的小龙虾种质资源。

二、小龙虾优良品种选育策略

（一）育种目标

1. 数量性状：制定以改善小龙虾的生长速度和养殖产量为目的的选育目标，具体包括小龙虾的生长速度、体长、体重、饲料转化率、产卵量等数量性状。数量性状又称为连续变异性状，受环境因素影响大，性状表征是连续变异，一般呈正态分布。数量性状的遗传基础通常是由多个基因控制的，并且每个基因都对其有一定作用，表现出累加效应。

2. 质量性状：制定以改善小龙虾的耐高温、耐低盐、耐高氨氮、抗白斑病等质量性状为目的的选育目标。

（二）育种策略

由于小龙虾每尾雌虾可以抱卵 200～400 个，抱卵量与雌虾个体大小（体重）相关，单个个体的繁殖后代数量远少于其他虾、蟹类，其繁殖方式和繁殖后代数量比较接近于沼虾。小龙虾属于螯虾科，目前，尚未见螯虾类有关人工选育良种的报道，而沼虾类品种改良方面已获得一定进展，我国现育有罗氏沼虾“南太湖 1 号”和“南太湖 2 号”两个新品种，青虾“太湖 1 号”和“太湖 2 号”两个新品种。小龙虾育种策略和选育技术路线上，完全可以参照沼虾育种的成功模式，采用种内或种间杂交育种技术，群体选育（个体选择）技术路线来进行小龙虾体长、体重的生长速度和产卵量等数量性状为主的新品种选育。参照罗氏沼虾“南太湖 2 号”育种技术路线，通过构建遗传多样性丰富的选育基础群体，大量构建家系，利用 BLUP 多性状复合育种技术，连续多代选育获得了生长快和耐高温、耐低盐、耐高氨氮、抗白斑病等质量性状为主的新品种选育。

三、小龙虾良种选育技术路线

（一）杂交育种

通过收集我国长江中下游流域及与其相连接的太湖、鄱阳湖、洞庭湖、巢湖等大型湖泊小龙虾自然野生群体，对不同地理野生群体亲本生物学测量，按定向交配计划，采用不同来源野生小龙虾种群间雌、雄相互交配的配种繁殖策略，对不同杂交交配组合的繁殖后代进行养殖，并开展生长速度、变异率、成活率、抱卵率等数量性状测试，获得最优配种组合方式后。

每年收集最优配种组合各自的雌、雄自然野生群体亲本进行繁育苗种，或直接收集这些自然群体的野生苗种，通过池塘培育后，在交配季节之前进行雌雄虾分选，挑选健康，优质的后代作为种虾，利用最优杂交组合在池塘进行苗种繁育，以获得优质小龙虾苗种。

(二)快速生长小龙虾新品种的群体选育及技术路线

1.收集基础群体

收集我国长江中下游流域及与其相连接的太湖、鄱阳湖、洞庭湖、巢湖等大型湖泊小龙虾自然野生群体亲本和幼虾苗种，建立遗传多样性丰富的小龙虾育种基础群体。挑选亲虾体色多为青褐色或红褐色、体色鲜艳、斑纹清晰、身体洁净，附肢完整无损伤、健康活力好及个体相对较大，每个基础群体的雌雄亲本数量在 1 000 尾以上，雌雄亲本要分别用单独的池塘或水池暂养。

育种场要做好育种基础群体保种和传代，并保证繁育基础群体的有效群体数量。连续的近亲交配必然导致近交系数加大，而近交率与有效繁殖体大小成反比。相同量的繁育群体中，只有繁育群体的雌雄数量完全相等时，才能证明有效群体最大。近交系数与繁育群体中每个雌性亲体产生或留种的后代数量有关，留种数量不平衡影响有效繁殖群体，从而增加近交系数。因此，只有每代保留同样量的亲体，而且雌雄性比为 1∶1 才可使有效群体最大。

2.选育目标和指标

选育目标为生长速度快、耐低盐、耐高温等，选育指标为体重增长速度、变异率、成活率、抱卵率等。

3.群体选育方法与技术路线

通过收集不同地理野生群体亲本作为育种基础群体，对不同地理野生群体亲本生物学测量，按定向交配计划，采用不同来源野生小龙虾种群间雌、雄相互交配的配种繁殖策略，对不同交配组合的繁殖后代进行养殖，并开展生长速度、变异率、成活率、抱卵率等数量性状测试，获得最优配种组合方式后，采取群体选育方法，挑选个大健壮的个体留种，每代挑选 3 次，每次选择强度在 20%～40%，每代总选择率在 5%～10%，通过连续累代选育获得生长快速的品系。

测试选育群体与未选育野生群体苗种生长速度，每年根据实验具体情况，在养殖 60～90 天内和 120～150 天，对选育苗种与未选育野生苗种的生长(甲长、体长、体重)、成活率等性状进行测量。在与商业苗种对比时，尽量选择 2 个以上地方，同一地方选取 2 口以上养殖池塘开展测试。

测量性状包括体长、头胸甲长、头胸甲宽、头胸甲高、腹节 1 长、腹节 1 宽、腹节

1高，腹节2长、腹节3长、腹节4长、腹节5长、腹节6长、尾节长，用游标卡尺（精确到0.01 mm）测量，体重用电子天平（精确到0.01 g）测量（黄建华等，2017）。

（三）抗逆、抗病小龙虾新品种的家系选育及技术路线

通过收集不同地理野生群体亲本或具有优良性状的养殖群体作为育种基础群体，对不同群体亲本生物学测量，按定向交配计划，构建不同地理群体自交和杂交家系，并对交配成功家系的母本进行繁殖力参数测量；家系建成后，开展同批家系苗种的标粗养殖，从每个家系种苗中选取健康、个体大的种苗进行池塘混养和种虾培育，从每个家系剩余个体中选取大小均匀、健康个体进行荧光标记，在相同养殖环境中进行耐高温、耐低盐等抗逆性测试或抗病性状测试，测试数据用于遗传力分析和评估；选择抗逆、抗病测试性状好的家系的池塘培育亲本开展传代家系培育和选育，通过累代选育，获得小龙虾抗逆、抗病新品种。

1.收集育种基础群体

收集我国长江中下游流域及与其相连接的太湖、鄱阳湖、洞庭湖、巢湖等大型湖泊小龙虾自然野生群体亲本和幼虾苗种，建立遗传多样性丰富的小龙虾育种基础群体。

2.家系选育的定向交配设计

采用不平衡巢式设计定向交配技术，利用不同地理种群小龙虾进行定向交配，建立全同胞和半同胞家系，同时构建对照组家系。包括不同地理种群间的杂交家系，同一地理种群内的交配建立全同胞和半同胞家系。确保有20个以上半同胞家系用于基础种群生长、饲料利用、抗病力等遗传力参数评估。

以洞庭湖野生种群为例，建立15个半同胞和60个全同胞家系实例（图3-1）。

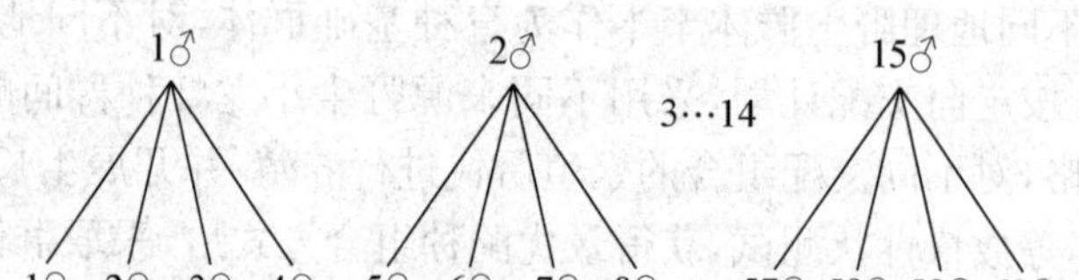

图3-1 半同胞和全同胞家系构建图

3.小龙虾家系规模化培育技术及标准化选育评估

制订了小龙虾家系苗种培育、中间暂养、共同养殖等阶段的标准化操作管理程序，降低不同家系内个体环境条件和管理操作的差异，对小龙虾人工授精技术，小水体育苗技术，苗种标粗和利用荧光染料标记和电子标记对小龙虾家系的个体和

成体标记技术及家系建立过程中各环节的标准化技术，建立小龙虾家系选育的技术体系，为提高个体遗传评估的准确度奠定了基础。

4. 小龙虾抗逆、抗病遗传力评估

利用家系构建和BLUP综合育种方法，追踪并建立家系和个体的系谱资料信息，充分利用个体所有的亲缘关系和性状资料；针对分析性状，选择合适的育种模型，考虑世代、性别、池塘号、家系等固定和随机因素，建立育种目标性状的混合模型方程；利用REML方法迭代计算选择性状的表型方差、遗传方差、遗传协方差等方差组分，估计性状的遗传参数如遗传力、性状间的遗传相关等，建立小龙虾耐高温和耐低盐抗逆性状和抗病性状的遗传参数精确评估模型。建立小龙虾抗逆和抗病新品种选育技术体系，开展小龙虾抗逆、抗病新品种选育。

第三节　小龙虾良种选育实践

育种是通过创造遗传变异、改良遗传特性，以培育优良动物新品种的技术。以遗传学为理论基础，并综合应用生态、生理、生化、病理和生物统计等多学科知识，通过杂交、染色体技术、放射线、基因突变等遗传操作改变选育对象的遗传基础，选择优秀个体或家系使目标生物群体达到经济性状优于原有群体的目的，选择对象既包括自然群体，也经常利用经过遗传改良过的群体。

小龙虾育种首先要根据温度、气候、土质等自然因素优选场址、建立小龙虾育种场，然后依照具体育种方案，对种虾进行高质量、高标准的选择操作和遗传操作，建立规范化、标杆化的小龙虾繁育体系。优质种虾是保证亲虾顺利繁殖的前提和基础，提高种虾种群的品质和生产性能，使其优良性能稳定地遗传给后代，保持小龙虾种质资源的完整性，预防近交繁殖造成的种质衰退。目前，小龙虾种虾培育方法尚不规范，笔者认为种虾培养应从技术措施和实施程序上落实到位。

一、育种基础群体的收集

2017年10月，从湖南岳阳收集洞庭湖野生和周边小龙虾养殖群体，雌虾2 000尾，雄虾1 000尾；2018年9～10月份从湖北监利小龙虾养殖群体，雌虾2 000尾，雄虾1 000尾；江苏金湖小龙虾养殖群体，雌虾2 000尾，雄虾1 000尾；广东紫金野生小龙虾雌虾800尾，雄虾400尾；2019年1月收集埃及小龙虾雌虾150尾，雄虾80尾；2019年6月收集江本鄱阳湖野生小龙虾雌虾450尾，雄虾250尾；在深圳龙岗碧岭现代农业产业园和中国水产科学研究院南海水产研究所深圳试验基地，对收集不同来源的小龙虾种虾进行传代和保种，构建了遗传多样性丰富的育种基础群体。不同来源育种基础群体形态分析见表 3-1。

表 3-1　不同来源小龙虾基础群体的形态参数

来源	雄/雌	甲长/cm	体长/cm	甲宽/cm	甲高/cm	螯长/cm	体重/g
湖北监利	雄	4.56±0.30	9.94±0.54	2.66±0.13	2.86±0.23	11.45±1.22	53.53±6.78
湖北监利	雌	4.73±0.29	10.28±0.39	2.79±0.11	3.13±0.21	9.39±0.71	54.76±6.19
江苏兴化	雄	4.15±0.15	8.90±0.40	2.25±0.05	2.70±0.10	9.80±0.20	34.60±2.90
江苏兴化	雌	4.43±0.12	9.97±0.15	2.37±0.15	3.17±0.15	8.63±0.35	39.23±2.49
广东紫金	雄	3.88±0.15	8.55±0.29	2.08±0.10	2.55±0.10	8.75±0.34	32.72±3.52
广东紫金	雌	4.47±0.57	10.03±0.51	2.33±0.25	2.73±0.42	8.07±0.75	42.1±10.29
鄱阳湖	雄	4.85±0.27	10.44±0.66	2.53±0.17	3.24±0.28	10.90±0.85	51.93±7.40
鄱阳湖	雌	4.91±0.20	10.65±0.46	2.66±0.24	3.20±0.16	9.08±0.74	47.13±6.36
非洲埃及	雄	4.43±0.31	10.15±0.70	2.53±0.17	2.80±0.21	9.53±1.57	45.42±11.77
非洲埃及	雌	4.34±0.36	10.04±0.63	2.54±0.24	2.82±0.24	8.30±0.96	44.02±8.83

二、种虾选配

选配是在科学理论基础上，按照育种设想目标，有意识地选择不同来源的雄、雌种虾进行交配，控制特定基因型杂合体的减少或增加，以达到培育小龙虾优良个体的目的，是选种的延续，是提高小龙虾种群品质、发挥良种效应的重要技术手段。选配的方法通常是同质选配，就是选取性状相同或性能表现一致的优质雄、雌虾进行交配，最终将优良性状集中遗传给后代，使优质个体数量不断增加，群体品质进一步提高。

在自然环境中，小龙虾的雄虾没有明显交配季节，只有雌虾进入亚成虾期，雄虾即可和雌虾交配。雌雄亲虾交配后，雄虾将精荚储存在雌虾纳精囊内，精子可在纳精囊内最长保持几个月，精子有促进和引诱卵细胞发育的作用，待卵细胞发育成熟后，通过体外受精方式，一边排卵一边释放精子，并在腹部进行精卵结合形成受精卵。受精卵和Ⅰ期幼体都由雌虾独立保护并完成孵化。因此，在雄虾挑选方面，一定要选择体型较大、精荚发育良好的个体，另外，在允许交配前，雄虾要同池塘饲养，以保证雄虾有足够的优良精子。

选择亲虾时，定要适量选择体型较大、精荚发育良好的雄虾，同池养殖，以保证雌虾纳精囊有足够的精子。商业性繁殖场可按雌雄性比为 3∶1 或者 4∶1 养殖。良种场通常可按照雌雄性比 1∶1 养殖。雌雄亲虾应来源于亲缘关系较远的不同

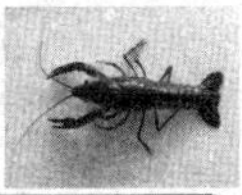

亲体的后代，或者从不同的养殖池选择相同数量的后备亲虾，按照雌雄性比 1∶1，混合在同一水体内完成交配。坚持选择留种，适当引入异地种群杂交。

三、小龙虾群体选育

(一)育种基础群体(F0 代)

基础种群养殖池(田)：6 个面积 1～2 亩，用于保存从江苏、安徽、湖北、广东等地引进不同地理群体的小龙虾种质材料。利用收集的湖北监利(种群 1)、江苏兴化(种群 2)、广东紫金(种群 3)、江西鄱阳湖(种群 4)4 个不同来源的亲本或子代培育的种虾作为 F0 代。

每年的 5 月底 6 月初，大多的雌雄虾开始性腺发育。挑选不同种群的优质的种虾各 3 000 尾以上，将雌雄个体放入育种池中分开暂养、营养强化一段时间后，再将同一种群雌虾和不同种群的雄虾各 1 000 尾，按 12 种交配组合(数字表示种群编号：1♀2♂，1♀3♂，1♀4♂；2♀1♂，2♀3♂，2♀4♂；3♀1♂，3♀2♂，3♀4♂；4♀1♂，4♀2♂，4♀3♂)雌雄比例 1∶1 集中混养，并让其自由交配，将 12 个不同交配组合并成功抱卵的母虾，分别编号后集中不同的孵化池孵化幼虾，获得 F1 代幼体。

(二) F1 代育种群体培育

F1 代幼体按不同交配组合分别编号为 F1$_{(1♀2♂)}$，F1$_{(1♀3♂)}$，F1$_{(1♀4♂)}$；F1$_{(2♀1♂)}$，F1$_{(2♀3♂)}$，F1$_{(2♀4♂)}$；F1$_{(3♀1♂)}$，F1$_{(3♀2♂)}$，F1$_{(3♀4♂)}$；F1$_{(4♀1♂)}$，F1$_{(4♀2♂)}$，F1$_{(4♀3♂)}$，分别将不同组合幼体培育至幼虾后放入不同池塘进行养殖，对每个养殖池塘进行编号记录。

F1 代种虾养殖池(田)：12～24 个面积 1～2 亩，用于养殖基础种群按不同杂交配种获得的 F1 代苗种，每半个月测量 F1 代苗种甲长，甲宽、甲高、体长、螯长、体重等形态数据，通过比较生长数据，获得小龙虾最佳交配生长组合 4～6 个，精心养殖培育成 F1 代亲本。每个组合 F1 代种虾养殖选择强度为 20%～30%，或获得每个组合 F1 代后备雌雄种虾各 6 000 尾，计算如下：600♀×200 幼体×50%(成活率)×20%(选择强度)。

(三) F2 代育种群体培育

为避免近交，可将 F1 代 12 个组合按如下交配组合，分别将不同组合 F1 代雌雄虾进行交配：

F1♀$_{(1♀2♂)}$×F1♂$_{(3♀4♂)}$，F1♀$_{(1♀2♂)}$×F1♂$_{(4♀3♂)}$；

F1♀$_{(2♀1♂)}$×F1♂$_{(3♀4♂)}$，F1♀$_{(1♀2♂)}$×F1♂$_{(4♀3♂)}$；
F1♀$_{(1♀3♂)}$×F1♂$_{(2♀4♂)}$，F1♀$_{(1♀3♂)}$×F1♂$_{(4♀2♂)}$；
F1♀$_{(3♀1♂)}$×F1♂$_{(2♀4♂)}$，F1♀$_{(3♀1♂)}$×F1♂$_{(4♀2♂)}$；
F1♀$_{(1♀4♂)}$×F1♂$_{(2♀3♂)}$，F1♀$_{(1♀4♂)}$×F1♂$_{(3♀2♂)}$；
F1♀$_{(4♀1♂)}$×F1♂$_{(2♀3♂)}$，F1♀$_{(4♀1♂)}$×F1♂$_{(3♀2♂)}$。

获得的F2代幼体按不同交配组合分别编号，分别将不同组合幼体培育至幼虾后放入不同池塘进行养殖，对每个养殖池塘进行编号记录。每半个月测量F2代苗种甲长、甲宽、甲高、体长、螯长、体重等形态数据，通过比较生长数据，获得小龙虾最佳交配生长组合4～6个，精心养殖培育成F2代亲本。

利用F2代亲本或根据F1代生长测试挑选最佳生长组合的4个F1代种虾亲本，类同F0代进行交配组合，获得F3代或F2代杂交优势小龙虾苗种进行养殖示范与推广。

群体选育非常适合国内规范化的小龙虾育种场，优点是技术难度系数低、操作简单、实用性强；但缺点也很明显，比如目标性不强，选育优势不明显，遗传数据可靠性差等。群体选育适用于一般的商用育种场，既能体现杂种优势、产量增加，又能节约成本。

四、小龙虾家系选育

（一）亲本挑选与培育

家系选育（family selection）的建立首先需要3～5个不同地理种群，并具有完美的表现型，体表健康无损，无病菌感染特征，经对特定病原检测为阴性，雌虾最好是未交配的青壳虾。

利用收集的湖北监利（种群1）、江苏兴化（种群2）、广东紫金（种群3）、江西鄱阳湖（种群4）4个不同来源的亲本或子代培育的种虾作为F0代。由优质亲本（野生亲本最好）培育的虾苗以20 000尾/亩的密度，在土池养殖1～2个月，期间分批次挑选出生长快的优质个体放到另外的养殖池，最后按每亩2 000尾、雌雄比例2∶1的标准，完成种虾挑选，将其作为F0代种虾。

（二）定向交配

从育种基础群体中挑选不同来源的亲本或子代种虾，将雌雄分开养殖在不同水泥池或玻璃钢桶或水槽，按照种群内交配和种群间交配组合：湖北（1♀或多♀）×江苏兴化（2♂或多♂），江苏兴化（1♀或多♀）×湖北（2♂或多♂）；湖北（1♀或多♀）×广东紫金（2♂或多♂），广东紫金（1♀或多♀）×湖北（2♂或多♂）；

湖北(1♀或多♀)×非洲埃及(2♂或多♂),非洲埃及(1♀或多♀)×湖北(2♂或多♂)……等搭配组合进行定向交配,将交配成功的雌虾做好标记,建立家系。

(三)家系构建

将雌雄亲本F0代分开放置种虾池,作控温、控光等方式处理,再养殖1～2个月(通常是9月底),然后于小型育苗池/缸中进行一对一交配,最后将雄虾捞出,留雌虾在池/缸中静静地抱卵孵化。记录雌雄亲虾的来源、生长指标等,以及每一尾雌虾的繁殖参数(受精率、产卵数量和大小、孵化率、虾苗的数量和质量)。每一个家系产的虾苗,应分开培养,每隔10～15天记录每个家系的形态特征和非形态特征,记录成活率、食物转化率、体长体重变异系数、性腺发有及交配情况,45天后,记录每个家系后代和种群的雌雄比例,监测不同种虾亲体后代生长差异的显著性。生长最快的种虾作为初级(原始)种虾,用来作为小龙虾进一步遗传驯化生产的亲虾,每一个生产环节(种虾培养、培苗、养成)均要监测病原。

每个种群内应建立10～15个家系。分别编号为:

$F1_{(11)}$、$F1_{(12)}$、$F1_{(13)}$、$F1_{(14)}$、$F1_{(15)}$、$F1_{(16)}$、$F1_{(17)}$、$F1_{(18)}$、$F1_{(19)}$、$F1_{(110)}$…;

$F1_{(21)}$、$F1_{(22)}$、$F1_{(23)}$、$F1_{(24)}$、$F1_{(25)}$、$F1_{(26)}$、$F1_{(27)}$、$F1_{(28)}$、$F1_{(29)}$、$F1_{(210)}$…;

$F1_{(31)}$、$F1_{(32)}$、$F1_{(33)}$、$F1_{(34)}$、$F1_{(35)}$、$F1_{(36)}$、$F1_{(37)}$、$F1_{(38)}$、$F1_{(39)}$、$F1_{(310)}$…;

$F1_{(41)}$、$F1_{(42)}$、$F1_{(43)}$、$F1_{(44)}$、$F1_{(45)}$、$F1_{(46)}$、$F1_{(47)}$、$F1_{(48)}$、$F1_{(49)}$、$F1_{(410)}$…。

F0代种虾培养至3月龄,开始建立家系,每一个家系应选择标记5%～20%生长快的雄虾和雌虾,使用多地理种群雌性家系1、2、3…15个和随机的雄虾1、2、3…15个进行自由交配,产生的后代记为F1代。为了生产F1代种虾,重复以上程序。

(四)家系性能测试

1.从10～12个家系的每一个家系中取4尾雌虾和4尾雄虾,放到成熟水槽中(建议使用3吨水槽)。

2.7～10天后,收集所有交尾雌虾(为了排除同一尾虾重复交尾)。

3.每一个家系至少应该有一尾雌虾产卵,放在单独的培育水槽培养幼体。记录每一尾雌虾的繁殖性能,例如产卵数量和大小、受精率和孵化率、无节幼体数量和质量。

4.每一个家系的幼体均应该分开在1～3个水槽培养至0.1 g,每一个家系的0.1 g虾苗,应继续分级培养至5 g,然后在适当时候在室外水槽或土池培养至45～60天。

5.45天后,每一个家系应选择标志5%～20%生长快的雄虾和雌虾。其余小虾舍弃。

评估构建子代家系对温度和盐度耐受性的差异，综合评估家系的生长和温度和盐度的耐受性遗传参数，选取优良家系保种繁育。对耐受性表型差异明显的家系通过分子手段进行探究，了解耐受性的差异机制，为更好地了解小龙虾对温度和盐度耐受性遗传进化机制提供丰富的材料。

家系选育的优点是表现型选择精准、目标性强，选育优势明显，累代遗传，科研数据准确、可靠等。但也存在不足，比如可供选择的家系有限，池塘或网箱需求量大，手工标记复杂，周期长等。此外，还需要员工管理细致、责任心强、有快速应对突发问题的能力。家系选育适用于高标准的小龙虾育种场，或者是科研单位，主要用于小龙虾的遗传育种、种质资源、功能基因等研究方面。

五、种虾培育的六大措施

种虾培育主要包含种虾选择、优质苗种培育、池塘设计、水质调控、疾病防控、饲料营养调控等几个方面。

(一)种虾选择

选种目的：从质量性状和数量性状两方面入手，选择优良个体。雌虾产卵多，虾苗生长快，单位产量高；雄虾活力足，抗逆性强。

在湖南、湖北等地，小龙虾一般是5～6月份成熟，而当地养殖户一般会选择在9～10月份留种，最大的误区是选种时间错误。传统的做法是8～9月份捞留下些卖剩下的生长速度慢、有病菌感染的、活力不足的、基本缺胳膊断腿的“7、8、9钱”(5g/钱)的虾作种虾，生长个体不是很优越，这本身不符合严格挑选种虾的原理。

挑选种虾时应操作细致，轻拿轻放，避免虾体损伤，选择体质健康的小龙虾做种，还要精确控制种虾选育、亲虾繁育的内外环境。好的品种决定养殖产量，具体鉴定如下：①体型匀称饱满，尾巴大，头部小，体外组织健全；②活力高，野性足，抗逆性强；③生长发育速度快于同群，未性成熟的青壳虾；④体重30～40 g；⑤无伤残，无疾病；⑥雌雄比例为2∶1。

从体表颜色上，小龙虾分为青壳虾和红壳虾，其实两者并没有品种间的区别，只是发育阶段不一样，虾壳变红色往往意味着开始性成熟了。郭风英等(2012)研究表明，青壳螯虾成熟度远远低于红壳螯虾，青壳螯虾是红壳螯虾的过渡阶段。青壳螯虾阶段，性腺发育慢，主要进行生长，肌肉含量较高，而红壳螯虾阶段，既要生长，又要进行性腺发育，营养物质主要向性腺细胞转化，肌肉含量相对降低。费志良等(2005)认为，一部分青壳螯虾为红壳螯虾蜕壳越冬后一段时期的状态；另一部分青壳螯虾是由于本身体内Fe元素缺乏造成的。笔者发现，恶劣的环境也会引起虾壳变红，光照周期长，光照强度太强，虾无法保护自己，多次错过蜕壳季而导致蜕壳未遂，并逐渐变成丁壳红虾。应巧兰等(2002)研究表明，高温下的螯虾成熟度和营养度都高于低温下的螯虾，说明温度也是影响其性腺成熟的重要环境因子。郭风英等(2012)研究还表明，高温和光照是诱导青壳虾向红壳螯虾转变的因子之一。徐加元等(2008b)研究发现每年的青壳虾大多出现在1～8月份，10月份开始产卵后卵巢进入恢复期，温度较高，会使得雌虾的卵巢恢复较快，成熟度也相比3～8月份要高。另外，小龙虾病菌感染并长时间处于应激状态，也会容易变红。

(二)优质虾苗培育

很多养殖户基本是就近购虾，养成之后就自繁自养，这种方法一是生物安全措施没做好，外来的虾没有经过消毒、没做过检测、都是凭感觉做；二是种虾和苗混养在一起，没有将种虾及时捞出，严重影响虾苗的成活率。鉴于此，在苗种管理方面，笔者认为：一是虾苗孵出来后，应马上将亲虾捕捞出来；二是放置扣板(图3-2)，增加虾苗的躲藏空间，减少打斗和互残；三是及时分级管理，避免大虾吃小虾；四是不定期投喂动物性饵料。

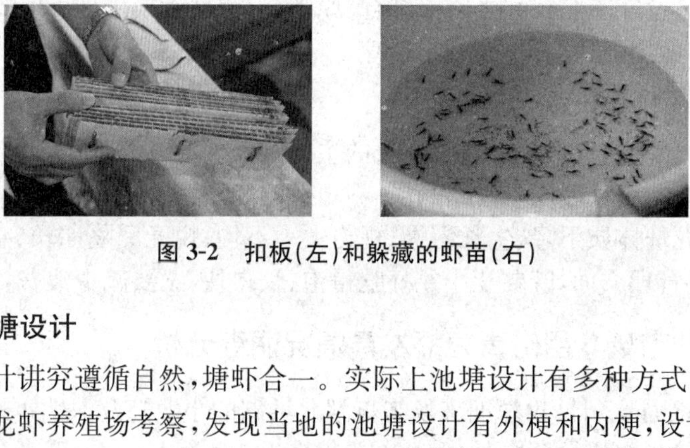

图3-2　扣板(左)和躲藏的虾苗(右)

(三)池塘设计

池塘设计讲究遵循自然，塘虾合一。实际上池塘设计有多种方式，笔者几次前往湖南的小龙虾养殖场考察，发现当地的池塘设计有外梗和内梗，设计简单实用，便于操作。无论是养种虾还是养殖商品虾，都必须要这样做，目的增加掘洞面积，再就是虾在缺氧时能够就近爬上来，便于自救。而笔者在考察中也发现有些养殖户选择用网片，但是小龙虾一旦缺氧，无法趴稳，如果设计一些坡度，它就会有支撑点，爬坡难度会更小。

鉴于此，笔者在江苏的精养方案及湖北的稻虾混养方案基础上，设计出第三种方案，即池塘网格化养殖模式。池塘外形可参照“米”“回”等字形进行设计，塘内设土梗，梗上面积留大一点种水稻，可以遮荫，两边较深，有深有浅。底下放置板块，如石棉瓦、塑料板等，好处主要有：一是可以挡光，减少虾的性早熟；二是污泥沉积在板上，底部比较干净；三是省去遮阳棚，水草更易进行光合作用，为水底补充氧气。

小龙虾是底栖动物，从池塘底部来做文章最为符合生物学习性。水体污染来源主要包括剩余的残饵、粪便、空气中的灰尘和外来水源可能携带的淤泥或泥沙四个方面，为解决水质污染，可在塘边 1 米远处种植水稻，塘边和水稻之间为投料区，可以防止残饵流到池塘中间。此外，池中还可悬挂一些毛刷，利于菌类附着繁殖，促进水体的稳定。

（四）水质调控

不论是野外捕捞的亲虾还是人工养殖的种虾，均需要进行雌性性腺促熟培育。目前，我国繁殖用的小龙虾种虾多数来源于养殖，少数来源于野生。为了在短时期内使亲虾批量集中产卵，一方面应开展控温、控光及营养强化等；另一方面加强硫化氢、亚硝酸盐、氨氮、酸碱度、溶氧量这 5 个指标，定期检测，保持水质稳定。

（五）疾病防控

小龙虾一旦发病，施用大量的药物治疗效果不明显且浪费较大，所以小龙虾的疾病控制还是遵守“预防为主，防治结合”原则，一方面勤换水，勤调水，增加溶氧是关键，另一方面加强巡塘，早发现早治疗。

（六）饲料营养调控

在养殖过程中，饲料是小龙虾生长的主要营养来源，饲料质量及营养调配直接关系到小龙虾的生长速度、规格、品质、养殖效益和质量安全。若营养调配不合理，极易造成小龙虾体质下降、生长缓慢、规格大小不均、蜕壳间隔期长、感染疾病。鉴于此，在饲料管理方面，既要让小龙虾吃得饱、长得快，又要减少浪费，降低成本。

六、深圳市场 3 月份青壳虾发育情况调查分析

2020 年 3 月 27 日，对深圳市场来自湖北洪湖的小龙虾及深圳本地小龙虾分别抽样 30 尾，检测生长发育情况。

（一）深圳市场来自湖北洪湖的小龙虾

1. 外观观察：大部分小龙虾（25～30 g）身体基本光滑、底板干净、活力强劲、品相良好，个别虾颜色发黑说明与养殖环节的底质差有关。

2. 解剖发现：①小龙虾壳薄且脆；②雄虾精巢发育正常，已基本成熟；③雌虾卵巢已处于Ⅱ期发育阶段；④肝脏多为金黄色，发育正常；⑤肠道发现有不同程度的肠炎症状。

（二）深圳本地养殖的小龙虾

1. 外观观察：小龙虾身体光滑、底板干净、活力强劲、品相良好。

2. 解剖发现：①小龙虾壳较硬；②雌性小虾(12 g)卵巢处于Ⅰ期发育阶段(白色)；③雌性成虾(28 g)卵巢处于Ⅳ期发育阶段(浅褐色)；④肝脏多为浅褐色，发育正常；⑤肠道正常。

笔者通过对湖北洪湖小龙虾及深圳本地小龙虾的调查和实验室解剖学分析认为：①3 月份的洪湖小龙虾已有轻微肠炎，若不及时治疗，很可能会成为“五月瘟”的诱因；②深圳地区的雌性成虾，其卵巢发育要比湖北洪湖地区的更早、更成熟，可能是因为深圳地区的平均积温高于湖北洪湖，且回温时间早于洪湖；③深圳小虾肝脏为深黄色，成虾为浅褐色；而湖北小龙虾肝脏为金黄色，可能与投喂饵料、生活环境等因素有关；④雌虾在 3 月份已开始发育，再次印证了留种务必要提早于 5 月底 6 月初，如果等到 8～9 月份留存的种虾基本是买剩下的尾货，其本身生长发育缓慢，种质资源无法突显优势，而且遗传状态存有缺陷。因此，笔者建议：①留种时机不宜太晚；②精选个体突出优势；③深圳地区同批次虾苗性腺发育与虾成长快慢、个体大小关系密切。

第四节　小龙虾亲本培育

由于小龙虾雌性亲虾难以同步成熟，因此，亲虾培育阶段重点是小龙虾性腺促熟和及时交配。雌虾配种以后的群体，进入亲虾阶段培养，该阶段养殖时间需要 15～30 天，主要目的是积累小龙虾卵巢发育所需的营养物质。为预防病毒感染，亲虾培养期间尽可能进行生物安全隔离。水体可适当循环利用，减少外源水的污染。水温控制在 26～28℃，对于外塘在架设遮阳棚情况下，孵化前期 9～10 月份的光照强度平均低于 5 000 lx，池内水体透明度在 0.4～0.6 m。

亲虾配合饲料可以满足小龙虾繁殖期间的营养需要。从营养方面分析，除了在蛋白质、脂肪、碳水化合物、矿物盐、维生素等方面应满足需要外，尚需要适量的亚油酸、亚麻酸、花生四烯酸、高度不饱和脂肪酸、卵磷脂蛋白、虾青素等脂溶性营养成分，以满足小龙虾性腺发育所需要的其他营养需求。还可使用生鲜的鸡肝、野杂鱼等。笔者曾试验发现，虽然都是生鲜饵料，但是使用多种不同饵料的亲虾繁殖特性，如亲虾成熟率、第一次产卵数量、卵径、孵化率等参数，均好于单一饵料组。

光照的长短和光照强度对亲虾性腺发育有一定影响，孵化后期光照强度低于 2 000 lx，如果有水草＋人工巢穴，光照强度可低于 500 lx，有利于孵化。徐加元等(2008)在室内水族缸实验发现，光照周期 L∶D＝16∶8 时，亲虾成活率较高，性腺发育较快。此外，饲养亲虾密度也会对亲虾的成熟与成活率产生影响，饲养密度过高显然不利于亲虾成活及性腺发育。

同类型的亲本交配，必须选择性状优良的双亲本。通过同种的不同品种间或不同地理群之间的杂交，很多优良性状会超出亲本，这就是所谓的杂交优势。拥有杂交优势的后代、往往具有抗逆和高增长特性，经济效益显著提高。

一、繁殖性能

甲壳类繁殖特性包括精子质量、卵子质量、子代质量以及亲虾综合繁殖性能等方面（江世贵等，2013），这同样适用于评价小龙虾种虾繁殖性能的技术指标。

卵子质量：每尾虾的产卵量；卵子大小和质量；胚胎发育率；孵化时间；孵化率。

精子质量：精荚重量；精荚外观症状；精子数量；活精子数量百分比。

子代质量：每尾产卵虾生产的幼体数量；各期幼体的健康状态、发育速度、蜕皮增长量及蜕皮间隔时间，幼体的抗逆性。

亲虾综合繁殖特性：成熟日龄；多次繁殖周期；交配率；产卵虾数占比；多次成熟；产卵特性。

二、影响繁殖性能的因素

小龙虾性腺成熟特性是人们关注的小龙虾繁殖特性最主要的性能，对于性腺成熟的评价，涉及多项指标，诸如在家养状态性腺发育的难易程度、繁殖力、受精率、受精卵、孵化率等。由于在家养条件下雄性小龙虾的性腺容易成熟，因此，着重对雌虾性腺成熟以及繁殖特性加以研究。通常认为，影响雌虾性腺成熟繁殖特性的因素可归纳为遗传因素、性激素、营养、种虾的来源、体型、日龄、理化环境因子、季节等。

（一）遗传因素

经验表明，小龙虾雌虾性腺发育的特性，在群体内个体之间有很大的差异，即便在同样条件下，每尾雌虾的成熟产卵粒数以及性腺成熟程度都有很大的差异性。室内养殖条件下，多数雌虾个体的性腺发育比较缓慢，往往需要使用环境调控的方法进行促熟，室内条件下究竟是雌虾产卵粒数少还是受精率低仍有待研究。

Lutz 等（1989）通过将全同胞科和半同胞科 3 龄小龙虾分别放入直径 2.4 m 的玻璃纤维池中种植水稻（*Oryza sativa*），150 天后对所有组合和生殖成熟（型）雄性、未成熟（型和幼）雄性和雌性分别进行遗传力评估，发现遗传力的估计范围从 0 到 0.38，所有性状都表现出通过选择至少有适度改进的潜力，尽管发现非加性变异源影响所有被测性状。宋丹丹等（2019）采用磁珠富集法构建了小龙虾$(GT)_n$重复类型的微卫星富集文库，检测结果显示，等位基因数为 2～6 个（平均 4 个），观测杂合度为 0.352 2～0.666 7(平均 0.585 6)，期望杂合度为 0.370 4～0.839 0(平均 0.629 1)，多态信息含量为 0.285 9～0.800 1(平均 0.558 4)。Hui 等(2019)评估了水产养殖中小龙虾种群的遗传变异程度，研究发现成熟雌性(n=1 312)和雄性(n=1 109)的所有遗传力是由低等到中等，范围介于 0.06(±0.02)和 0.32(±0.05)之间。所有特征都是由累加效应控制，显性效应，添加剂×环境，优势×环境交互和其他环境影响不同程度，取决于特征的问题。体长、腹部长度、总重量和加工特征主要是由累加效应控制，显性效应，A×E 和 D×E 交互，而其他体型特征主要是由主导控制作用和 D×E 交互。去除非加性遗传和环境源的影响后，获得的遗传力估计值更准确。

因此，小龙虾遗传选育应注重小龙虾的增长率和成活率的遗传力、繁殖特性的遗传分量，可以获得加工性状改良的更好的遗传收益，对小龙虾的商业育种选择规划，提高小龙虾种虾培育的商业经济效益，有重要指导作用。

(二)内分泌因素

促进小龙虾雌虾性腺成熟的方法很多，诸如切除眼柄、控温、人工注射促性腺激素等，而主要机制要么是减弱或消除抑制性腺发育激素，要么是增强促性腺激素，调控性腺发育，发挥激素强烈的调控功能，在短期内使卵巢成熟产卵或者重复产卵。

目前诸多学者发现在体外注射孕酮、17β-雌二醇和保幼激素(JH-Ⅲ)等，可更好的诱导性腺快速发育成熟。Tan 等(2017)研究发现黄体酮在小龙虾卵巢发育中发挥了重要作用。Silveyra 等(2018)验证了内分泌干扰物——莠去津(Atrazine)通过调节卵黄基因表达和激素合成来影响小龙虾繁殖的假说，莠去津对卵黄蛋白原生产的抑制效应是与分泌较低的性类固醇有关；雌二醇对卵黄发生的早期刺激作用可能已经发生，特别是在肝脏；莠去津使谷胱甘肽水平明显升高。

Chaves 等(2000)对雌性小龙虾 x-器官窦腺复合体中是否存在促性腺激素进行了研究。通过摘除眼柄来消除性腺抑制激素，导致卵巢发育加速。每天注射四种窦腺匀浆液，在第 6 天使摘除眼柄的雌虾卵巢的生长减少了约 50%。使用放射性示踪剂[35S]蛋氨酸表明，在窦腺注射后 12～24 小时内，抑制性腺活性达到峰值。剂量反应表明，至少需要两个对等的窦腺体来明显对抗由眼柄消融术引起的加速生长。高剂量窦腺提取物对卵巢发育造成了显著的抑制，导致卵巢发育推迟。

Sarojini 等(1997)在体外水平对内源性阿片肽系统可能参与小龙虾卵巢发育开展了相关研究。暴露于阿片类蛋氨酸脑啡肽(opioid methionine enkephalin)和胸椎神经节的卵巢外植体，与单独孵育胸椎神经节的外植体相比，其发育呈剂量依赖关系。这些胸廓神经节分泌一种促性腺激素(GSH)与肌肉相比，其更能促进与其共孵育的卵巢外植体更快发育。另一方面，阿片类拮抗剂纳洛酮产生剂量依赖性促进与胸神经节孵育的外植体的发育。蛋氨酸脑啡肽（Met-enkephalin）和纳洛酮（Naloxone）对胸廓神经节的体外作用表明，胸廓神经节中存在一个功能性内源性阿片系统，调节谷胱甘肽的释放。

此外，在饲料中添加甲基法尼酯或注射 5-羟色胺，使用多肽或固醇类激素等均可起到促进卵巢发育的作用。既便如此，对小龙虾的内分泌系统及其调控功能的了解仍十分缺乏，小龙虾的成熟仍与很多环境、营养因素相关，这些外界因素对内分泌系统产生间接的调控作用。

（三）营养因素

近 20 年来，种虾培育的营养要求研究，有了很大的进展。例如，蛋白质和多肽、多链不饱和脂肪酸、高度不饱和脂肪酸的作用，必需脂肪酸、磷脂、胆固醇的作用，维生素 A、维生素 E 的应用，虾青素的作用等。杜少波等（2002）在亲虾营养需求研究进展中指出卵磷脂是一种生命基础物质，对维持生物膜的生理活性、正常代谢起关键作用；刘栋梁等（2018）研究认为在斑节对虾（*Penaeus monodon*）亲虾养殖过程中添加 200 mg/L 维生素 E 和 1%裂壶藻可促进其性腺成熟；李铭等（2007）研究发现饲料中添加 0.02%维生素 E 可以提高小龙虾雌虾的产卵量。亦可注射各种外源激素促进卵巢成熟，但该方法就是操作精细、价格稍高。

（四）环境理化因子

自然环境中，小龙虾性成熟的栖息地和产卵场会被选择在水质优良的浅水河流区域，理化因子日变化小，相对稳定。可以根据自然环境中的小龙虾来进行种虾培育。经过实验和调查发现，温度、盐度、光照周期、光照强度、酸碱度、溶解氧、氨氮、重金属离子、水槽空间、水槽壁的颜色、底质条件、养密度等环境参数，均可以影响小龙虾种虾性成熟、产卵行为、卵子数量、孵化率、幼体重等繁殖特征。2015 年，曹昆研究发现盐度为 3‰～7‰、加盖遮阳棚（光照度＜800 lx）能显著促进雌性小龙虾性腺同步发育，选择复眼色素期进行低温保存抱卵虾亲本最适宜。目前可供参考的适宜小龙虾养殖的水质参数如下：温度 26～28℃；pH 7.8～9.0；日光周期，12 小时光照，12 小时黑暗；光照强度 500 lx 以下，光质以绿色和自然光为宜；溶解氧 5 mg/L 以上；氨态氮、亚硝酸态氮极微或测不出（总氨氮介于 0.02～0.04 mg/L，亚硝酸态氮介于 0.01～0.02 mg/L，硝酸态氮介于 0.1～0.2 mg/L）。虽然上述环境因子在小龙虾适应的范围点的影响力，远远小于内分泌激素和营养素，但是仍然不应忽视这些因素，尤其是温度、溶氧和光照等环境因子对于内分泌活动的影响，往往可强化或者削弱激素的作用，很可能有些影响的细节至今还没有认识清楚。

有关温度对雌性种虾性腺发育影响的研究做得并不太多，30℃以下的温度范围内胚胎发育、幼体发育随着温度升高发育加快，然而种虾腺发育要求的温度应该在26～28℃，过高的温度并不总是有利。笔者调查发现，深圳平均积温高于湖北，深圳2月份的小龙虾可以长到30 g左右。徐加元等(2008b)研究显示在一定范围内提高水温可以促进卵巢发育；此外，Jin等(2019)发现高喂养率、产卵率和繁殖力出现在21～25℃，温度在21℃时产卵率和繁殖力最高，33℃时交配和产卵时间最短。不适当的高温对于对性腺和胚胎发育是有害的，特别是池塘养殖经常会遇到32℃以上的高温，所以建议亲虾的繁殖温度范围为25～28℃，胚胎发育温度范围为25℃。控温是人工繁殖的一种有效方法，可诱导小龙虾产卵和胚胎发育，从而为养殖提供大量的虾苗。

光线对小龙虾的行为及生理有重要影响。20世纪80年代以后许多学者已经注意到弱光以及光周期的变化可以有效地调节小龙虾的繁殖。Castañon-Cervantes等(1995)以5组20只小龙虾为研究对象，在13周内进行了5次不同光周期和暗周期的实验，发现光暗周期为L∶D＝12∶12，机体表现出最大的性腺和生长诱导。适宜的光色和光强可以增强小龙虾繁殖性能，如增强繁殖力、提高繁殖率和孵化率等。关于光强的效应，已经有众多研究，笔者认为，光线的强度对于雌虾性腺发育的影响，其重要性比光色更重要。在自然光源500 lx以下，有利于雌虾性腺发育成熟。

(五)重金属离子

重金属离子是最广泛分布的环境污染物之一，已知其具有多种毒性，包括生长和生殖毒性等。Reddy等(1997)研究发现在加汞试验组中明显抑制了小龙虾卵巢的成熟，5-羟色胺在体内诱导卵巢成熟，而镉和汞可以抑制5-羟色胺诱导的成熟。与未加汞孵育的相应组相比，加汞孵育的卵巢外植体，无论是大脑还是肌肉，均显著抑制了卵黄蛋白完成过程中亮氨酸的掺入。在没有汞的情况下，脑中含有一种促性腺激素，它比与肌肉一起培养的卵巢中含有的这种氨基酸要多得多。这些金属可能通过直接抑制卵巢中的蛋白质合成，抑制5-羟色胺刺激的谷胱甘肽释放，阻止卵巢对这种激素的反应而发挥了抑制作用。

Zhao等(2019)通过将成年雄虾暴露于0.03和3.00 mg/L Cu^{2+}环境中7天，研究铜对经济甲壳类动物小龙虾繁殖的毒性作用。结果表明，Cu^{2+}暴露可引起精巢氧化应激，同时伴有活性氧和丙二醛水平升高，导致精子质量下降，精巢结构异常，生殖细胞凋亡，支持细胞空泡化。进一步，KEGG分析表明，表达水平上调的基因显著富集于线粒体氧化磷酸化途径，提示线粒体电子传递链紊乱可能是Cu^{2+}诱导精巢活性氧产生的结果。

小龙虾实际生产中，应定期检测池塘水体和外源水体的重金属含量，及时观察水体、土质的颜色变化，注意细节，避免因重金属离子超标因素造成小龙虾死亡而带来的经济损失。

（六）其他因素

诸多有害物质严重威胁着水生无脊椎动物的生命活动，诸如菊酯类农药虽然对人或哺乳动物等非靶类生物的毒性较低，但对鱼类、虾蟹类等水生动物的毒性却非常高。

Sarojini 等（1994）研究发现小龙虾暴露在 10 mg/L 萘下 48 小时后，其卵巢比清水小龙虾的卵巢要小。5-羟色胺刺激小龙虾在萘暴露后卵巢成熟，使其恢复清水时的状态。萘暴露小龙虾脑、胸神经节提取物对卵巢成熟的促进作用优于未暴露小龙虾，推测萘暴露的小龙虾脑和胸神经节内积累了神经分泌物质，如神经内分泌细胞释放促性的腺激素等，而 5-羟色胺也刺激这种激素的释放促进卵巢成熟。接着，Sarojini 等（1995）继续观察了不同浓度和时间的奈处理对小龙虾卵巢发育的影响，发现雌性小龙虾暴露于 10 mg/L 的萘同样影响卵巢发育，反映卵巢重量的卵巢指数在接触萘的 15 天内性逐渐下降，卵黄发生前和卵黄发生卵母细胞变性，强烈闭锁和卵黄吸收导致卵巢指数下降，相反，对照组小龙虾的卵巢发育成熟，但将奈去除后小龙虾卵巢中出现未成熟的卵母细胞，提示小龙虾卵巢可从萘所致的闭锁中恢复。

Sheir 等（2015）研究了生物灭真菌剂哈茨木霉（*T. harzianum*）对小龙虾的影响及其对生殖腺组织病理和蛋白质电穿孔模式的影响。结果表明，与哈茨木霉接触一周后，雌雄小龙虾的蛋白质密度均有下降，且雄性比雌性下降更多。然而，在接触哈茨木霉 4 周后，蛋白质密度增加（雌性比雄性增加更多）。与对照组相比，该菌暴露 4 周后引起精巢组织病理改变。精巢结构畸形，部分精巢腺泡融合不完全，部分呈狭长形。另一方面，卵巢卵母细胞囊样上皮脱落、部分卵母细胞囊融合、结缔组织坏死严重。由此得出结论，哈茨木霉对小龙虾的蛋白质和生殖腺存在有害影响，可能导致该生物的生产力紊乱/下降，甚至死亡。

农药等有害物质会损伤小龙虾的神经和生殖系统等，引起种虾神经发生紊乱、繁殖力大大降低，严重者会导致机体死亡。

三、亲虾投放与日常管理

（一）种虾、亲虾投放

在严格挑选完成后，种虾第一阶段（5～6 月份）应雌雄分开投放，雄虾按

1 300～1 500 尾/亩，雌虾按 1 500～1 800 尾/亩，池塘设计标准按 2～3 亩/塘；第二阶段(7～8 月份)，按雌雄 2∶1 比例集中混养，提供交配机会，按 1 000 尾/亩左右投放种虾；第三阶段(9～10 月份)捞出交配任务完成的雄虾对于已抱卵的雌虾，按 1 000～1 200 尾/亩的放养密度投放。池塘安放增氧机、围网、护栏等基础设施，夏季附设遮阳棚，冬季育苗附设加温管，亲虾培养池内水深约 1.5 m。水温保持在 27～28℃，pH 为 8.0～8.3，总氨氮含量小于 0.6 mg/L，溶解氧在 5 mg/L 以上，使用过滤淡水。亲虾投放前，用 3%食盐水浸浴 10 分钟，杀灭病原体。

(二)饲料与投食

目前，繁殖亲虾使用的人工配合饲料在实际应用中的效果，与使用鲜活生物饵料相比较，仍然有差距，表现在雌虾成熟率、产卵量、卵子质量等方面。因此，可以将优质配合饲料和动物性饵料相结合，以获得理想的效果。

小龙虾繁殖期使用鲜活饵料的效果表现出如下良好特性：有利于亲虾性腺成熟；繁殖力高；特别是有利于性腺多次成熟。其根本原因是鲜活饵料的营养成分复杂、多样，有利于满足亲虾营养需要。小龙虾的生存水域具有大量的小型无脊椎动物，动植物有机碎屑以及以这些碎屑为基质的细菌群落等，均是小龙虾的摄食对象，多种类的饵料来源可满足小龙虾对各种营养要素的需求。活体或冻鲜生物的生化成分不易变性，有利于消化、吸收、利用。余智杰等(2011)研究发现投放螺蛳可促进小龙虾雌虾性腺发育及提高亲虾的成活率，并与水草一起投喂有协同促进作用。

小龙虾是杂食性的，可投喂黄豆、玉米、亲虾配合饲料，并搭配投喂动物性饵料，如野杂鱼及屠宰下脚料如鸡肝等，或直接投喂中华田螺。为了强化营养，日投喂量可 2～4 次。为了增加适口性和新鲜感，每日可交替轮换投喂。

3 月份为亲虾体重的 1%～2%，4 月份为 2%～3%，5 月份为 4%～5%，10 月份以后再减为体重的 2%～3%。每天早晨、晚投喂一次，以傍晚投喂为主，占日投喂量的 70%；冬季每 3 天投喂一次。

间隔 20 天，每亩用 10 kg 生石灰兑水泼洒，以保持水质的稳定，使亲虾顺利地完成交配、抱卵、孵化等过程。培育 1～2 个月，待抱卵虾几乎全部孵出虾苗后，放地笼集体捞出亲虾，暂养于别的池塘，以便于虾苗的集中营养强化。

(三)换水

换水率与小龙虾的增长率匹配，具体视情况 10～15 天换水一次，抱卵期间尽量少换水、少走动，保持绝对安静。

(四)交配观察

每日晚上 10:00 用手电观察池塘交配情况，发现雌虾有受精、抱卵现象，捞出雄虾，分开养殖，以免雄虾打扰雌虾“静养”，一般同池混养时间为 20～30 天。

四、亲虾抱卵孵化期的管理要点

抱卵阶段的亲虾像是妊娠阶段的孕妇一样，需要很好地保护和管理，但虾农在实际养殖过程中往往有所忽视。2018 年 9 月 6 日，笔者多次试验发现，水质、水温、应激、疾病等均可造成抱卵虾的卵粒脱落，此外，小龙虾可能还存在“组团”孵化的安全意识。鉴于此，笔者认为抱卵虾的管理应注意以下几点：

（一）保证溶氧。抱卵和孵化期间的耗氧量大，需要充足的氧气，溶氧不足会影响抱卵虾的胚胎正常发育、甚至是中止发育，所以抱卵期间加强人工增氧。

（二）营养供应。抱卵和孵化期间营养消耗极大，所以需要保证营养及时供应，一是保证适口性，二是增加动物性饵料，或者投喂精料。

（三）保持水体稳定。抱卵期间需要保持水温、pH、水体透明度等水环境因子稳定，减少环境变化对抱卵虾的应激。

（四）控光。抱卵期间需要控光，减少光线对抱卵虾的刺激，建议搭建遮阳棚，控制光照强度。

（五）投放人工巢穴。考虑到有些抱卵虾不打洞，对于这些虾，建议投放一些人工巢穴，供虾躲藏，减少外界干扰。

（六）严禁用药。抱卵期间严禁用药，尤其是生石灰等刺激性较大的药物。

第五节　小龙虾育种场址的选择

对拟选育种场址应先进行地质地貌、水文、气象、淡水资源、生物相、生物资源等综合调查，同时对育种场的安全、建场后生态环境影响及其对其他产业发展的影响也应进行评估。根据国家和地方政府的政策、法规框架，提出设计方案，经过可行性论证后，报有关部门批准实施。

一、地质地貌条件

小龙虾育种包含种质资源和种虾选育。需保证种质资源不丢失，防止在天然水域扩散，避免发生对天然水域基因污染，基于考虑安全因素、投资效益，原则上应选择平地建池，使工程量最小，投资最省，灌排方便，有利于操作管理。小龙虾养殖池应考虑：虾池建成后，易自动排干池水，方便收获和处理池底；养殖池应接近取水点；应避开林地、红树林及耕地；选择地势平坦交通方便的地区；必须对水质作详细勘察，进行土壤、地质化学分析，特别是在沙质地区、酸性土壤或潜在酸性土壤建池，还需考虑加建防养殖池水渗漏、酸化的工程设施。

二、水质与土质

选择流水畅通的淡水或低盐区，水源应避开工农业生产排污的影响，主要水质指标应达到《中华人民共和国国家标准　渔业水质标准》和《无公害食品　淡水养殖用水水质》的要求。水质是养好小龙虾的关键，为了生产无公害小龙虾，在选择场地建虾池时，最好选择水质良好、水量充足、周围没有污染源、保水能力较强、排灌水方便、不受洪水淹没的田块。水源可选择养殖用的地表淡水资源，如江河、湖泊、沟渠、水田、湿地和水库、山泉之水等。建池前，要掌握当地的水文、气象资料，旱季要求能储水备旱，雨季要能防洪抗涝。

关于土质要求方面，详见第七章，此处不再赘述。

三、气候与社会条件

气候以温带季风性气候为主，尽量选择雨量适中，年平均降雨量 1 400 mm 左右，年均气温约 20℃，年日照时长约 16 000 小时的地区。

社会条件包括：具有全天候的道路及通信工具，以便于饲料与物资的运输、产品上市输出、对外联络、信息交流等，保障与外界的联系方便；有充足的电力供应，养虾场还应配备发电机组；当地民风好、社会治安良好、生活用水方便等生活条件。

第六节　育种场的设计模式

建立小龙虾高标准育种场，应综合考虑种虾生物学习性、种质资源、自然环境、市场环境、生物安全五大因素。育种场的目的和任务就是为自身孵化育苗服务兼向外界输送高质量种虾或亲虾，需要建立多个种群的多个家系的独立配套设备，包括亲虾成熟设备、产卵水相、幼体初期培育设备、种虾养成设施、种虾标记设备、病原检测设备等。

每个育种场的种虾需要严格的隔离设施并做好检疫，孵出的虾苗经胁迫测试进行严格筛选、检验，为培育高质量种虾而培育高质量虾苗。因此，育种场必须有能力使种虾在预繁殖期内，把病原排除在外，使小龙虾处于高质量状态。

种虾放养前，在向养殖池注满清洁的、基本上没有病原污染的养殖用水后，或养殖池注满水经消毒清野处理以后，养殖过程中不再进行大水量换水，仅补充蒸发、渗漏、排除沉积物损失的池水。这种用水方式目的是降低病菌传播概率，彻底消除第一次进水的水源病菌，最大限度地杜绝病菌进入育种场，这种方式叫物理隔离。

一、育种场模式

笔者到湖南、湖北等多地考察，发现池塘的设计基本上属于典型的湖北模式：稻田四周开挖环形沟，宽 5～8 m，深 1 m；池塘精养模式：大多参照江苏的养蟹方式进行设计。无论是湖北稻虾共作模式还是江苏池塘精养模式，关于池塘的设计，一定要有深浅交错，高低起伏，要以虾为本，充分遵循小龙虾的生活习性。本书尝试推荐池塘网格化养殖模式。常见的室外亲虾池设计可参考"井""米""回""目"等字形设计。现以一亩塘为例，分别介绍这几种模式：

（一）"井"字形模式

依据种质资源管理需要，一个独立的育种场建设 8～12 个育种池塘为宜，面积 5～20 亩均可，面积宜大不宜小，主要是为了扩大小龙虾的生存空间和便于机械化作业。池塘结构的工程技术要求达到如下标准：

育种池塘的建设包括田埂加宽、加高、加固，进排水口设置过滤、防逃设施，环形沟、塘间沟的开挖、安置遮阳棚等。以 1 亩地为例，动工前先在池塘中央留 3～4 m^2 的排水孔 6，低于平均池塘地面 0.5 m，并用水泥铺成，然后挖地下排水管道放置的渠道，排水通向污水处理池。沿池塘田埂内侧四周开挖环形虾沟，沟宽 1.0～6.0 m，深 1.5 m，环形虾沟和田间沟面积占池塘面积的 8%～12%。

环形沟的建设，实际上是给高密度养殖的小龙虾留足活动空间，对调节水质、投饵、生长观察十分有利，是稻田养虾必不可少的环节。池塘面积较大的，在田中间开挖"井"字形田沟较益(图 3-3)。田埂 5 设置高于最高水面 5 cm，以便小龙虾呼吸空气中氧气。下风排水口设置高度与基本水面平行。坡边 8 设置垂直高度 1.5 m，坡度设置 45°。进水口用 20 目网片过滤进水，排水口用铁丝网或栅栏围住。水面排水口 9 设置进水口对面处，保证每日换水量为池塘的 20%左右。此外，利用开挖环形沟和田间沟挖出的泥土加固、加高、加宽田埂，平整田面。这样有几方面作用：一是可以做到废水重复利用，节约用水，保护环境；二是在枯水期可储存一定的水分，不影响养殖生产；三是增加亲虾打洞面积；四是进水口和下风口对称，便于充分换水；五是快速排除底部污水。

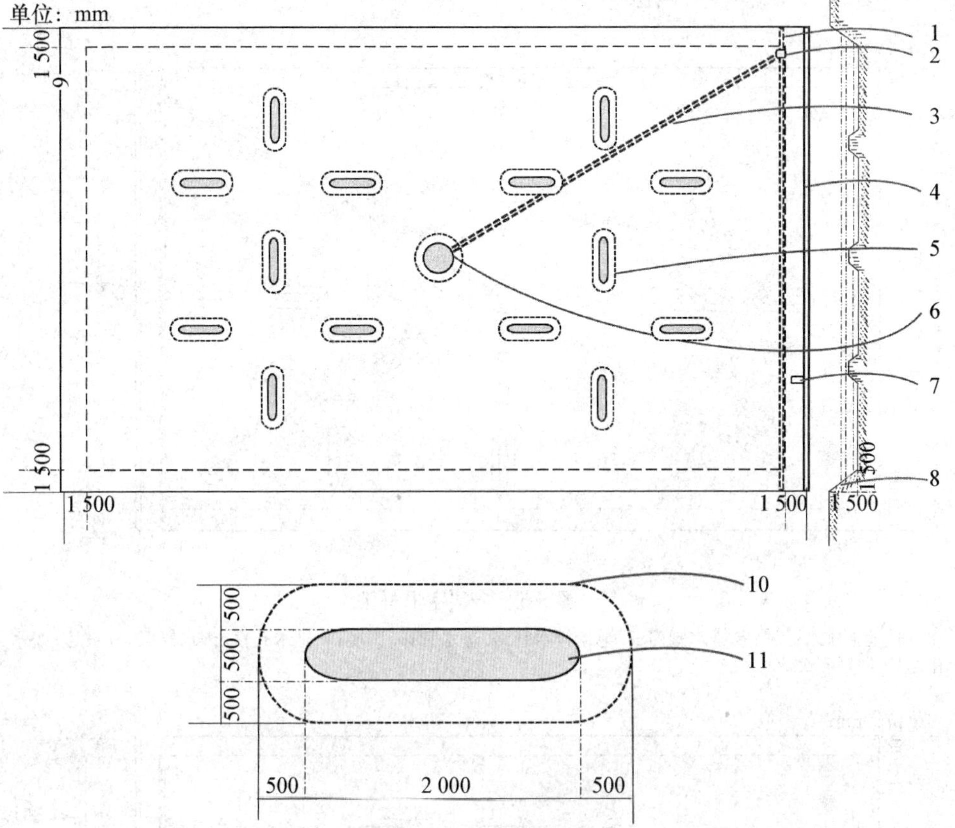

图 3-3　"井"字形虾池

1. 地下排水通道;2. 排水阀门;3. 池塘排水管;4. 进水管;5. 田埂;6. 排水孔;7. 进水阀门;8. 坡边;9. 水面排水口;10. 田埂底部;11. 田埂顶部

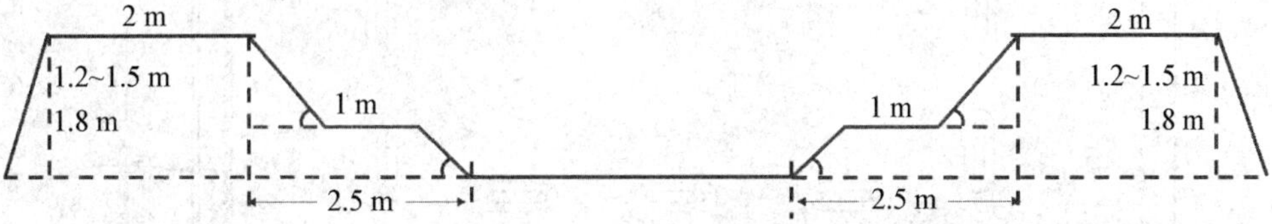

图 3-4　池塘纵切面设计模式

(二)米""回"等其他字形模式

在"米""回"等其他字形模式中,田埂 5 的高度、大小设置与"井"字形模式一样(图 3-5,图 3-6,图 3-7),唯一的不同是池塘内位置的不同,根据不同地域的地理特点设置不同模式，因地制宜且以虾为本。

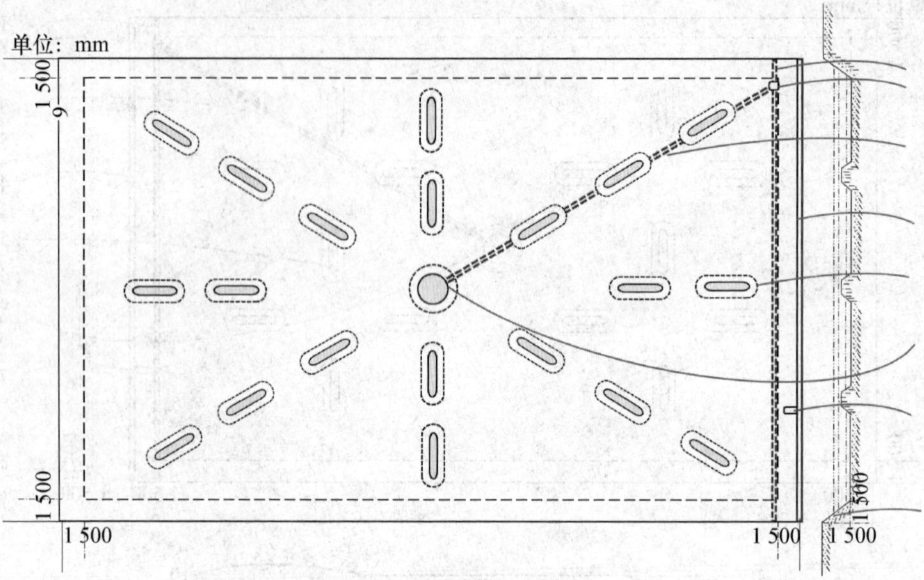

图 3-5 “米”字形虾池

1. 地下排水通道；2. 排水阀门；3. 池塘排水管；4. 进水管；5. 田埂；6. 排水孔；7. 进水阀门；8. 坡边；9. 水面排水口

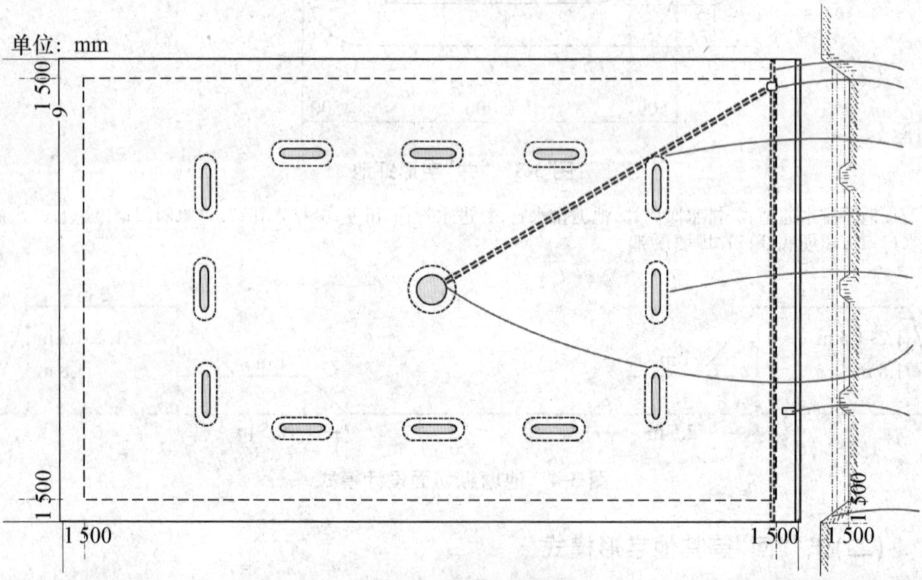

图 3-6 “回”字形虾池

1. 地下排水通道；2. 排水阀门；3. 池塘排水管；4. 进水管；5. 田埂；6. 排水孔；7. 进水阀门；8. 坡边；9. 水面排水口

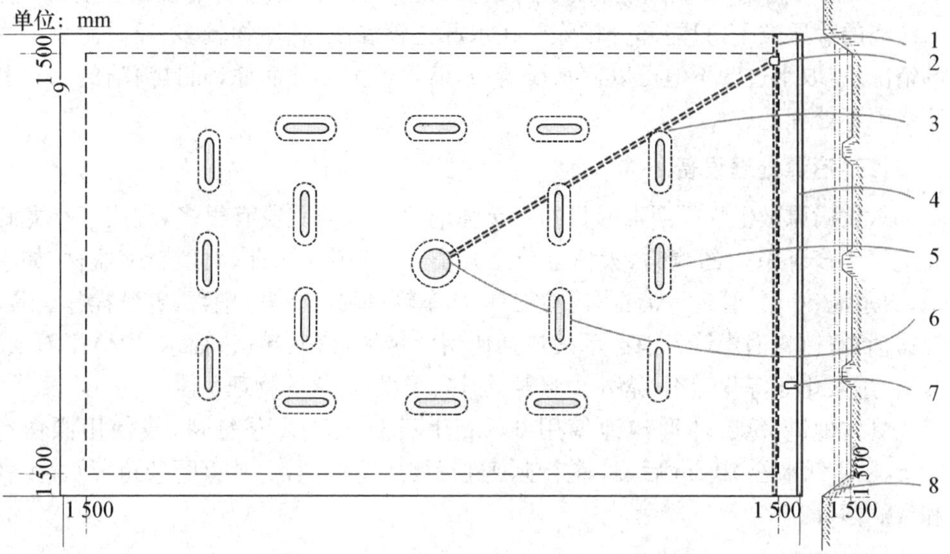

图 3-7 "目"字形虾池

1. 地下排水通道；2. 排水阀门；3. 池塘排水管；4. 进水管；5. 田埂；6. 排水孔；7. 进水阀门；8. 坡边；9. 水面排水口

二、育种场的配套设施

育种场的配套设施主要包括水泵、过滤设备、消毒处理设备、蓄水池、沉淀池、生物处理池、增氧设备、实验室分析仪器、人工巢穴、水下隔离板、遮阳棚、隔离屏障、越冬棚等配套设施。

(一)水泵

小龙虾育种场日常用水多依靠多种类型的水泵提水，通常根据用水方式、用水量及扬程选择水泵形式。例如，池内水循环流动可采用气生泵，场内水流动可选用轴流泵，水源提水为了缩短纳水时间，尽可能在较短的时间内多纳入水质较好水，适当使用功率较大、流量大、扬程高的混流泵型水泵，可选择提水量达到养殖池总蓄水量 10%～20%的水泵。

(二)过滤设备

育种用水需要经过网滤或砂滤的经济、可行的方式对水源进行过滤处理。从操作的可行性要求而言，一般可采用两次过滤，第一次为粗滤，使用 40 目以下网具，阻挡水生动物及大的固体碎片。第二次过滤以生物安全要求为目标，采用

80～100 目的网滤，可以隔绝病原携带者，过滤掉水内的悬浮物及较微小生物。但对游离的病原粒子，只能部分排除。在水源比较混浊、悬浮物较多、浮游生物丰富的情况下，取水过滤不但可以使水质清洁，清除绝大多数病原，而且清洁的水有利于水消毒处理。

(三)消毒处理设备

杀灭病原微生物是消毒的目的。单纯消灭病原的手段有很多，应用于小龙虾养殖等生产环节上的策略，大体上分为几类：养殖用水消毒；大型养殖器材，如水槽、养殖池、水渠、管道等消毒；运输工具，如车辆、盛虾水槽等消毒；养殖操作工具、器皿消毒；饵料消毒等。消毒手段包括使用含氯消毒剂、碘伏、福尔马林、生石灰、臭氧、过氧化氢等化学剂；紫外线照射、加热、干燥、灼烧等物理手段。

具体地讲，每亩环形沟池塘用 60 kg 生石灰＋5 kg 茶籽饼，或使用漂白粉 2 kg，在降低水位 20 cm 后，对整个池塘进行彻底清塘消毒，杀灭野杂鱼、敌害生物和致病菌等。

(四)蓄水池

蓄水池的作用：①存储养殖用水；②降低病原微生物数量；③过滤和净化水质；④应对突发状况，如换水量加大、突然断水等问题。

蓄水池须设排水闸门，可全部清空，方便及时清污、消毒；设渠道或管道与育种池相连通，以方便供水，一般 1 个蓄水池供 3～5 个育种池用水即可；池里可种植优质水草(生态处理)；池外勿设置遮阳棚，方便阳光照射，增氧消毒。注意，外援水源须过滤、集中消毒后才可进入蓄水池。

(五)沉淀池

作为生态养殖，建立沉淀池十分必要。生产中因暴雨造成的养殖池溢水、排出的底泥污水、养殖后排出的废水等，应集中于沉淀池，经沉淀处理、净化消毒处理后，再进入蓄水池或直接排放。如果采用循环自流方法，养殖池的水排出后，也应先进入沉淀处理池，颗粒物沉淀后，再进入生物处理池、蓄水池。沉淀池可分几级设计，池中可种植水草。

(六)生物处理池

从环保角度出发，生物处理池主要集中处理沉淀池沉淀后的污水。水池内培养浮游植物、适时添加有益细菌等，净化改良水质，达到养殖用水要求。

(七) 增氧设备

溶解氧是水产养殖核心，养殖池的充气、增氧能力是安全育种的最主要限制因素，依赖机械增氧以及维持需氧的异养细菌的生态功能是健康育种的重要特征。增氧机可选用水车式增氧机和射流式增氧机相搭配，使池内水体缓慢上下、水平循环对流。通常按照每千瓦负荷 2～3 亩养殖池配置，增氧机应正确安装使用，注意用电安全，防止触电发生。如果放虾密度较大，为预防增氧机械伤虾，也可采用充气方式充氧。在小龙虾产卵过程及胚胎期，气量调小，只要满足溶解氧需要，水微微流动使卵子浮动即可。气流过大，虾卵易破损。另外，每个育种基地必须设置备用发电机，保证及时供电。

（八）实验室分析仪器

环境因子检测分析室必须配置的仪器及设备有：生物显微镜、盐度计、水温计、溶解氧测定仪器、酸度计、透明度盘。有条件的养殖场还可以设置氨氮、总碱度、生化耗氧量等检测仪器、微生物培养设备、病原检测的染色液、试剂盒等。

（九）人工巢穴

小龙虾喜温畏冷，需要靠洞穴躲避以满足生存需求，尤其在繁殖季节其打洞筑穴能力显著增强，而且绝大多数小龙虾受精、抱卵需要在洞穴内完成。如果虾长期不躲避于洞穴，其生存繁衍能力就会下降，在养殖过程中会造成很大损失（唐建清等，2004）。骆磊等（2019）发现相对 PVC 管的洞穴而言，虾更喜欢竹筒型洞穴，说明竹筒内部表面粗糙，透气性、遮阳性、舒适性皆较 PVC 管好，与小龙虾的繁殖生物学特性最接近，虾对竹筒形洞穴也有一定的亲和力。而刘琦（2017）研究发现螯虾因其趋触性而喜欢更加粗糙的洞穴，因为这更易标记自己的信号，而洞穴“信号”的差异性能够引起螯虾选择行为的变化，螯虾均对有过“印痕”的隐蔽所具有倾向性，雌性对雄性具有显著性趋向性。

小龙虾具有一雄多雌同居一穴的现象（骆磊等，2019）。不同洞穴内外的雌雄比例分布没有明显规律，但上层和下层的雌雄比例相对其他层雌雄比例高。小龙虾攀缘和游泳能力不强，下层是最易占据的空间位置，栖息虾数量多，而最上层则可能由于受到其他虾的干扰较小，呈现出较高的雌雄比例。

小龙虾是穴居动物，多数喜欢躲避在洞穴内，然而躲避在洞穴内虾的数量是由不同空间、时间等各种因素决定的（Maccord F 等，2013）。小龙虾胆小、喜独处，所以洞穴内藏有 1 尾虾的居多。此外，骆磊（2019）还发现 1 个洞穴内藏有 5～7 尾虾的比例占 4%～7%，单个洞穴里躲藏最多达 7 尾虾（4 雌 3 雄），说明小龙虾不仅有某种领地意识，还有一种“群居”的生活方式，如多雌多雄交配的繁殖习性等（Begum 等，2010）。小龙虾一般会经过一段时间的内部争斗与空间调节后，虾群之间逐渐形成了某种稳定的配对繁衍模式。

此外，抱卵孵化期的人工巢穴可将光照强度控制在 100 lx 以内。冬季育种时，可给人工巢穴内加层海绵，起保温作用。

（十）水下隔离板

池塘中，水体每日会产生有害悬浮颗粒沉入水底，为减少其对小龙虾生长发育的有害影响，建议在池塘内按照排列规律摆放一些水下隔离板，目的是及时遮挡水体有害物质直接散落到水底。

（十一）遮阳棚

夏季，阳光直射光照强度可达 6 万～10 万 lx。炎热的夏季会使得水体表面温度达到 35～40℃，严重影响小龙虾的正常生长发育，设置遮阳棚，可以有效遮挡光照，控制光照强度 2 万～3 万 lx 以内。

（十二）隔离屏障

独立的小龙虾养殖场应设立防逃网、铁皮、围栏等物理隔离设施，预防人及其他动物、运输工具等可能携带病菌的材料，随意进入养殖区。可在每个养殖池堤上，围置高 30～50 cm 的光滑塑料膜或薄板，特别要内外安装“个”字形防逃网，既防止小龙虾逃跑又防池外蛇老鼠等其他动物攀爬进入。

（十三）越冬棚

冬季的水温只有几度甚至零下，可以在小龙虾养殖外围搭建越冬棚，保证池塘水温，避免小龙虾因温度过低而应激甚至死亡。笔者建议冬季越冬棚内的水温在 10～20℃，保证小龙虾安全过冬。

第四章　小龙虾孵化与育苗

育苗是小龙虾整个养殖中非常重要、非常关键的一环，苗好等于成功了一半。目前，绝大部分农户在孵化育苗上采用自繁自养、天养天收养殖方法，普遍造成虾苗体质弱、差异化大、抗逆性差、成活率低、运输死亡率高。

本章针对国内现有小龙虾育苗中存在的问题，通过大量的实地调查研究，结合团队的实验室试验，提出一些观点和看法，主要是通过标准化和精细化饲养方式，达到提高小龙虾的孵化率、成活率、优质率的目的。

第一节　胚胎和幼体发育

一、胚胎发育

小龙虾产卵后，卵子呈红褐色（个别为黄色），卵径为 0.27～0.31 mm，平均为 0.29 mm。雌虾排卵的同时，纳精囊释放精子，卵子在小龙虾体外腹部完成受精过程。受精卵为沉性卵。

小龙虾受精卵属于中黄卵，细胞质位于受精卵表面，受精卵的中心区向周围发散出卵黄柱，卵黄柱内充满大小不等的卵黄颗粒（潘正军等，2009）。雌性小龙虾刚产出的受精卵呈暗褐色，黏附在亲本的腹肢上。母体游泳肢不停的摆动提供氧气保证受精卵孵化，同时保持受精卵处于湿润状态。抱卵小龙虾亲本对受精卵的孵化影响较大，研究发现环境因子对它也有很大的影响，其中温度对小龙虾受精卵孵化时间影响显著（李庭古等，2006）。在水温为 15～30℃条件下，随着水温的升高，受精卵孵化的时间缩短。同一水温环境下受精卵的孵化情况也不完全相同，这与虾的自身体质有关。

吕建林等（2006）研究了小龙虾的胚胎发育过程，结果表明：①小龙虾受精卵的颜色变化过程为棕色→棕色中夹杂着黄色→黄色中夹杂着黑色→黑色；②小龙虾的胚胎发育过程共分 12 期：受精卵、卵裂期、囊胚期、原肠前期、出现半圆形内胚层沟、出现圆形内胚层沟、原肠后期、无节幼体前期、无节幼体后期、前蚤状幼体期、蚤状幼体期和后蚤状幼体期；③在 9 月份时，整个孵化期间的水温为 19～30℃，平均水温为 25.8℃，胚胎发育时间为 17～20 天，在此期间孵化所需要的有效积温为 438.6～516℃/天；而在 11 月份时，孵化期间的水温为 4～10℃，平均水温 5.2℃，胚胎发育时间为 90～100 天，孵化所需要的有效积温为 468～516℃/天。2007 年，慕峰等根据小龙虾胚胎发育的重要外部特征变化，将其胚胎发育过程分为 9 个时期。这些分期方法对小龙虾育苗生产都有一定的指导意义。

小龙虾幼体孵化时，体形与成体相似。刚出膜的幼体为Ⅰ期幼体，第一次蜕壳后的幼体为Ⅱ期幼体，之后连续多次蜕壳后发育为成体。

二、幼体发育

小龙虾幼体发育是其生长发育中的重要环节，也是小龙虾后期健康养殖的前提和基础。参照吕建林(2006)将小龙虾幼体共分为 4 期，但笔者认为，小龙虾幼体分为六期为宜：刚孵化出的幼体为Ⅰ期幼体；孵化后蜕皮一次称为Ⅱ期幼体；Ⅱ期幼体蜕一次壳就称为Ⅲ期幼体；Ⅲ期幼体再蜕一次壳就称为Ⅳ期幼体；体长 2.0～2.5 cm 为幼虾Ⅰ期；体长 2.5～5.0 cm 为幼虾Ⅱ期。这里Ⅰ～Ⅳ期幼体可统称为稚虾期，幼虾Ⅰ～Ⅱ期可统称为幼虾期。刚孵化出的小龙虾幼体已具备了成体的形态，体节不再增加，只是局部的发育，如体色的改变，腹肢刚毛、第一、二触角的增长等。

(一)Ⅰ期幼体(first instar)

刚孵化出来的小龙虾体重约为 0.04 g，体长约为 0.5 cm。外形蜷缩成椭圆形，尾部还连着刚蜕出的膜，此时的幼体还不能爬行，依然依附于母体腹部。此期的幼虾以其自身存留的卵黄为营养。蜕皮时从头部开始，通过头部有节奏地向前一伸一缩就可以把头胸甲部分先蜕掉，尾部则通过胸肢的辅助脱掉。

(二)Ⅱ期幼体(second instar)

经过第一次蜕皮和发育后，Ⅱ期幼体体长为 0.7～1.0 cm。可以自由爬行，但只是围在母体周围游走，一旦受到惊吓，Ⅱ期幼体极易发生死亡。个别幼体开始可以主动汲取水中一些微颗粒营养。Ⅱ期幼体发育到一定时间就开始蜕皮，整个过程所需时间约几分钟。

(三)Ⅲ期幼体(third instar)

此时，Ⅲ期幼体的体长为 1.0～1.3 cm。整个身体进一步发育，也明显较Ⅱ期幼体灵活，游走范围也更广，基本上以轮虫、细菌、藻类为主，也可摄食 80～120 网目的营养饲料。

(四)Ⅳ期幼体(fourth instar)

整个身体再次发育,Ⅳ期幼体体长为 1.3～2.0 cm。该期幼体已完全脱离母体,离开巢穴,自由生长。幼体发育到Ⅳ期,以轮虫、丰年虫、桡足类为主,也可人工泼洒一些豆浆,保证幼体的营养供应。

(五)幼虾Ⅰ期

幼虾Ⅰ期的虾的体长为 2.0～2.5 cm。从该期开始可以放置室外大塘养殖,当然也可在室内留种养殖,此期开始第一次分级处理,避免同类相残,可投喂丰年虫、蛋黄、豆粉等高蛋白饵料,与幼体配合饲料搭配使用,效果更佳。

(六)幼虾Ⅱ期

幼虾Ⅱ期的虾的体长为 2.5～5.0 cm。考虑到小龙虾天生的互残习性,从幼虾Ⅰ期过渡到幼虾Ⅱ期时,务必第二次分级,按规格投放,保证幼虾成活率及后续的健康养殖状况。该期可投喂大豆、玉米等高蛋白饵料,与幼体配合饲料搭配使用,效果更佳。

第二节　小龙虾幼苗培育

幼苗培育是指将亲虾刚孵出的虾苗根据其生活环境进行环境调控、营养强化培育成可供商品养殖规格的过程。小龙虾育苗首先要根据温度、气候、土质等自然因素优选小龙虾专用育苗场,然后依照具体育苗、培苗方案,对虾苗进行高营养、高效率的培养,建立健康安全的育苗体系。优质虾苗是保证后续商业养殖高效、高产的关键,提高虾苗品质和抗逆性,既要虾苗完整继承到亲虾优良性能、稳步生长,又要保持小龙虾整个种质资源的完备性、防止种质退化。目前,小龙虾的虾苗培育方法尚存在不足,良性育苗场缺乏,鉴于此,笔者认为,虾苗培育应从如何提高孵化率、成活率、优质率等方面分析解决。

一、幼体培育的七大关键

(一)生物开口饵料

开口饵料是指刚孵出虾苗为了适应新环境,首次摄入营养、保证机体正常运行的重要能量物质,是虾苗后续健康培育的前提和基础。刚孵出的虾苗体质虚弱、组织发育不完善、活动能力弱,亟需母乳式的饵料进行营养补充。一般情况下,好的开口饵料需满足以下几个条件：一是满足虾苗营养需求；二是体型大小及移动速度恰好要适合幼苗的捕捉；三是适口性好，含有生物的活性物质，能促进消化吸收，另外生物饵料自身含有消化酶，能够弥补幼体消化能力不足；四是就地取材，容易大量繁殖，水体中密度大，产量高；五是作为活性饵料，能够诱导幼苗捕食能力的提升，增强幼苗自身的活力，提升抗逆性和免疫活力，增强环境适应能力，为幼苗的健康成长打好基础，为提高成活率创造条件。

如何提早使虾苗吃上开口饵料？实验观察中发现，有些虾苗开口几天了，而有些虾苗仍然悠然自得、无动于衷，其实秘密就藏在饵料的适口性。

池塘、江河、湖泊、海洋等自然水域中本身存在有天然生物饵料，各种水生动植物、微生物可供小龙虾直接捕食；为弥补幼苗的消化能力不足还需要人工培养筛选，如细菌、酵母、藻类、枝角类、桡足类等。此外，也可人工配制一些高营养饵料，比如鸡蛋、奶粉、打碎的鱼肉、豆浆等添加其中，进行引诱。

（二）转肝期的保肝护肝

肝脏是非常重要的消化和免疫组织，肝脏受损会导致其无法吸收营养及释放能量。随着小龙虾幼苗的蜕壳，其肝脏也同样伴随着机体发育生长，由半成熟状态转变成熟状态的过程叫作转肝期。转肝期顺利预示着肝脏消化吸收功能健全，为今后大量摄食垫定了基础。笔者认为，在小龙虾生命周期中同样存在转肝期，因为小龙虾在 0.1～0.5 g 容易出现大批量死亡，究其原因可能是此阶段肝脏的各项功能还尚未发育成熟，自身的防御能力不足，自身产生的毒素也会自噬肝脏的现象发生。

采取对策：一、肝脏减负，减轻人工饲料对小龙虾肝脏的负荷，实现从天然饵料到人工饲料的缓慢安全过渡；二、加强水质管理，池塘培水和稳定水质相结合；三、可拌料或泼洒一些护肝中草药，使虾顺利渡过转肝期。

健康的肝脏有利于小龙虾顺利脱壳，加快生长速度，提高抗应激能力，相反，肝脏萎缩或坏死（发红、变软）会导致小龙虾肠炎、白便、偷死的发病率极大升高。笔者曾试验发现，胆汁酸能很好的保肝护肝，有效改善肝脏的健康，提高肝脏解毒排毒的能力，预防肝脏炎症、萎缩、坏死等病变，降低机体发病率，提高小龙虾转肝期的成活率。

（三）上水调水管理

在亲虾孵化、育苗中，可以对池塘进行升降水位，具体 3 个阶段：①9 月底降水位趁早使亲虾交配、打洞、产卵、孵化；②升降水位可以在几天时间内反复操作，诱导亲虾交配；③挖洞检查孵出苗后，应提早上水，使虾苗早出洞，早开口，早生长发育。

(四)立体栽种水草

水草作为水下森林,可为小龙虾提供食物、净化水质、增加虾的分层空间和躲藏空间。关于具体内容,笔者会在水草篇详谈,此处不再赘述。

(五)增强人工饵料营养和适口性

挑选营养丰富的人工饵料如虾片、车元、虾元等,多种原料按比例混合后,再经网目不断洗涤、过滤,便于小龙虾摄食。根据虾苗的营养需求和日发育情况,及时调整原料搭配比例,结合饵料适口性,以促进消化吸收,弥补幼体消化能力不足。

(六)蜕壳期管理

小龙虾作为甲壳动物,其身体表面覆盖一层坚硬的几丁质外骨骼,随着机体不断生长发育,每隔一段时间就需要蜕壳一次。小龙虾蜕壳的频率与个体生长阶段一致,与水温和营养强化也息息相关。幼体阶段的蜕壳周期从 3～5 天到 7～9 天,成虾的蜕壳周期为 15～30 天,抱过一次卵的虾可能是 1～2 个月,超 1 年的老虾可能是 4～6 个月。

小龙虾蜕壳大多在凌晨,地点在浅滩。虾体会侧卧,腹肢间歇性地缓缓划动,随着下体急剧屈伸,首先将头胸甲与第一腹节背面连接处的关节膜裂开,经几次突然性的连续跳动,新体就从裂缝中跃出,然后螯和尾部也随之脱离旧壳。这个阶段持续时间约几分钟至十几分钟不等,身体健壮的小龙虾蜕壳时间多在 8 分钟左右,时间过长则小龙虾易死亡。

笔者实验发现,小龙虾蜕壳时,体液浓度会增加(细胞液充满,细胞间隙变大,并快速吸收水体营养物质),体重短期内增加 40%～50%,待新壳长成后,体重又降低 10%～20%,最后趋于稳定。幼体每蜕一次,体重增加几倍,10 g 以上虾苗每蜕一次,体重增加 40%以上,30 g 以上成虾每蜕一次,体重增加 20%左右,所以要想达到两虾标准,增重难度较大,养殖时间较长。

蜕壳期管理:①增加浅滩面积;②提高饲料营养水平;③添加能量物质如糖类;④增加虾躲藏设施,特别是培植好水草;⑤保持环境安静,不要人为打扰;⑥提前补充钙镁离子。

(七)生物安全管理

育苗阶段的生物安全主要是针对小龙虾育苗过程中所用水源、水产设施、进出人员、外来运输物质等可能携带病原的介质采取必要的物理、化学和生物技术设施,预防育苗场流行性疾病的发生,以保证虾苗的健康安全。此外,还要考虑到重要病原被引入自然环境的潜在危险,对周围水域的水产养殖和自然动物群落的影响。

生物安全侧重于防控，其主要内容为：育苗生产中找出潜在的危害，分析可能出现的风险；确定关键控制点；建立监控制度；制定关键控制措施；制定反馈程序；建立质量安全文件，保持记录。

二、饵料管理

小龙虾养殖产业发展推动了小龙虾幼体培育的研究，已经有大量的文献报道小龙虾幼体的摄食习性和营养要求。虾苗体质虚弱，各组织发育不全，需要高营养物质补充体质。然而即使使用最优质的幼体配合饲料，培苗的总体效果仍然比不上使用生物饵料的效果。在淡水养殖中，全部使用人工配合饲料，往往会达不到生物饵料的营养全面性，同时也缺少生物饵料的生态功能。事实上，在研究幼体摄食营养的同时，也关联到环境生物多样性对虾苗培育的决定性影响。

（一）生物饵料

随着养殖技术的不断深入发展，科学育苗越来越引起重视，如何获得大量的低成本、营养丰富、安全可靠且优质适口性的开口饵料，正成为专业人士的理想追求。2018 年 4～5 月，笔者通过研究不同饵料（桡足类、丰年虫、轮虫、配合饲料＋酵素）对小龙虾虾苗（体重（0.1±0.02）g；体长（0.6±0.05）cm）生长发育的影响发现，综合各组的成活率和增重率，虾苗的适宜铒料依次为轮虫、配合饲料＋酵素、桡足类、丰年虫。

此外，在生物饵料培养过程中务必维持高标准的卫生环境，坚持生物饵料培养程序，维持饵料的纯种培养。实验室阶段的饵料培养要求极高的卫生条件，包括对所有供应的水和对流的空气进行彻底的消毒和过滤，通过使用杀菌器对所有的设备和水消毒，保证各个环节无小龙虾病原体。生物饵料培养属于关键控制点，应当从病原危险的角度去考虑所有活的、新鲜或冰冻食物的来源，确保饵料中不携带小龙虾病原生物。此外，饵料的体积应适宜于幼体口器摄食。

1. 藻类培养室

藻类培养使用纯实验室标准的藻类营养液和营养盐。室内安装恒温控制系统，如冰箱、空调、恒温机等。安装白炽灯管或其他颜色灯管，保证适宜藻类生长的光照强度。所有阶段采用适当的卫生标准和微生物程序来保证培养的质量和数量。培养完成后，必须对所有藻类培养池进行冲洗和消毒。特别地，用次氯酸钙（钠）溶液（浓度 30 mg/L）对藻类培养池进行消毒后，应当用清洁的淡水对培育池进行漂洗。对于单细胞藻类，优先使用高密度、处于指数生长期的小球藻、硅藻等。

2. 动物饵料培养室

动物饵料培养要求氧气充足，多以小型藻类、面包酵母等为食。室内配备适宜营养盐、炽光灯、过滤网(80～200 目)等。动物饵料需要恒定的水温、盐度、溶氧、pH、光照及其他因子。

轮虫培育的常规条件:水温为 20～25℃,盐度为 1.5‰～2.5‰,pH 为 5～10,光照为 6 400 lx 为宜,NH_4-N 浓度小于等于 2×10^{-6}。枝角类和桡足类的培养较为简单,可在水里放少量鸡粪、牛粪等培养。丰年虫的培育程序较为复杂,可购买一些丰年虫卵高氧孵化 12～24 小时。

生物饵料培育中,应根据小龙虾不同发育阶段的营养需求、适口性、需求量等进行生产培养,保证虾苗营养供应的同时也要减少资源浪费,合理良性利用培养室,高标准、高效率、高健康的培育生物饵料。

3.人员进出管理

所有人员进室内,需消毒、穿清洁白大褂、戴口罩和鞋套等,做好防护措施,防止藻类污染,特别避免以藻类为食的原生动物、其他藻类品种和细菌(特别是有害的弧菌)的污染。

工作人员在生物饵料培养室和生产区域之间不易过多来往,避免交叉污染,应当在每个培养室或区域的入口处放置一个含有消毒溶液,如高于 50 mL 活性成分的次氯酸钙(钠)的足浴容器,并按需要的频度及时更换消毒液。与其他区域一样,应当在门口放置装有消毒液的容器,所有人员在进入或离开场所时都必须用消毒液洗手。

(二)人工配合饲料

人工配合饲料通常是用作虾苗培育中生物饵料的补充,应按照幼体发育的阶段、依据育苗场的偏爱、水质和营养要求以不同的规格和组合使用,可选择在小龙虾的Ⅲ期幼体时,搭配生物饵料进行投喂。一般来说,配合饲料不会携带病原,方便储存(低温、干燥条件)和使用。值得注意的是,打开包装后,应及时使用,避免发霉和过期。

三、水环境管理

对育苗有影响的所有因素均是控制管理的目标,但下列主要水质要素,如溶解氧、酸碱度、重金属离子含量、氨态氮、亚硝酸态氮、病原微生物数量级等,是所有小龙虾育苗场应列入监测的项目,也是环境控制的重要项目。Ⅰ期幼体离开母体生活,一般是在产卵池内进行,待虾苗全部离开母体后务必将亲虾移出,留下虾苗进行单独培育,体重约 0.04 g,经过 1～2 个月的培育后体重达到 2～5 g,可供养殖户进行成虾养殖生产。

（一）水温

虾苗水温的适宜范围为25～29℃，变化幅度不易过大，若水温低于20℃，生长速度减慢，虾苗机体发育不健全，严重时会影响成活率，因此在整个培育期间都要保持水温的相对稳定。笔者研究发现，高温时导致小龙虾更容易受细菌感染，从而导致免疫力下降出现死亡情况。2015年曹昆发现水温控制在5～10℃时能有效延长受精卵的孵化时间、提高抱卵小龙虾亲本的成活率。张小谷等（2010）观察小龙虾在工厂化繁育条件下的胚胎发育形态与时间序列，发现小龙虾在工厂化繁育条件下的胚胎发育中，在室内水温控制在15～19℃时，仍能进行工厂化育苗，即可提高小龙虾养殖产业链的整体效益。但是，不管是低温保存还是温差刺激等，都体现了科研人员对小龙虾育苗的新思考、新方法和新发现，为小龙虾能够育好苗提供宝贵的理论参考。

（二）pH（酸碱度）

小龙虾胚胎及幼体发育期对pH的适应范围很窄，培育用水的pH应控制在7～8.5，偏碱性，如发现水质偏酸，可用生石灰来调节pH，用自来水进行小规模生产的繁殖场，可用小苏打来调节pH。

在育苗池中，pH极易波动，尤其在使用单细藻类阶段，往往高达9.0，或者高达10.0以上，造成小龙虾幼体大量死亡。因此，该要素是水环境质量的重要监测指标。酸碱度的变化一方面直接干扰了小龙虾幼体的生理功能；另一方面，它的变化也影响着其他环境要素的变化，如水内的非离子氨的含量和pH存在严格正相关，在碱性条件下，提高了对生物毒性极大的非离子态氨的数量。影响育苗池水酸碱度的主要因素是浮游植物的光合作用和生物的呼吸作用。在光照合适时，浮游植物光合作用消耗大量CO_2，使池水pH升高。无光合作用时，生物呼吸作用造成CO_2积累增多，使pH下降。酸碱度的调控应针对发生疾病的原因，如果水源的水质正常，主要是调节光照度。保持育苗水体的总碱度在120以上，降低育苗池的光照强度，如维持低于5 000 lx光照度，有利于水质酸碱度的管理。

（三）充气

由于使用充气设备，使育苗期间溶解氧的需要成为最容易控制的要素。充气携带的上升气流，可促进育苗池内溶解氧分布均匀及各种饵料悬浮、扩敌，促进氨氮的硝化，避免硫化氢的发生，抑制厌氧菌发生。充气带动水流防止幼体过度密集。

（四）微生物及病原

由于虾苗水体是高生物量培养环境，大量的饵料投入及生物代谢产物，使水体

成为微生物良好培养基。因此，控制病原微生物，特别是控制病原体数量，是育苗管理的重要内容。虽然应用消毒、过滤等措施可预防水环境携带的病原，但在幼体培养过程中仍然要预防疾病的发生。预防和治疗疾病可以使用无公害药物，但主要还是加强幼体营养，减少环境应激，提高幼体免疫力。减少水体污染，增加水体微生物多样性，如添加培养有益细菌，使用优良单细胞藻种等生态学方法控制病原体数量。异氧菌可以覆盖绝大多数病原体，弧菌多数是致病菌，因此需要监测和控制育苗水体异养菌和弧菌数量。良好的正常水质菌相弧菌数量不会超过细菌群落总数数量级，因此它也是水质好坏的指示生物，观察水环境中的弧菌量仍有指导意义。

在育苗水体中加入有益微生物，能调节、改善其生态环境，同时也为小龙虾幼体提供适宜的活性营养物质。很多研究者报道，有益微生物可以促进小龙虾幼体的成活率、变态率，促进小龙虾幼体生长。使用有益的细菌群落，可以竞争性地排斥小龙虾幼体的病原体，为小龙虾幼体提供营养成分和消化酶，改善育苗水质等作用。

（五）重金属离子

由于重工业的发展以及人类其他产业活动产生的废物对环境的污染，水源多数会发生重金属离子超标的问题。微量的离子态重金属含量即可对水生动物幼体产生中毒作用。许多实验表明重金属离子含量超过 0.015 mg/L，就可能对小龙虾幼体产生极大的毒性。然而，我国有些地区水质的重金属离子含量严重超标。这种现象需要在生产场址的选择、水处理等方面高度重视。

第三节　育苗场地的选择与基本设施

育苗场应选择在生物安全性高、设施易得高效、环境安全系数高的区域。定址后，应在育苗场边界周围设置围墙、栅栏等进行相对安全隔离，限制未经许可人员及外来动植物（尤其是强侵略性生物）的进入；设置隔离检疫区域，对引入育苗场新生物的进行隔离检疫。

一、育苗场地的选择

小龙虾育苗场的建场要求与育种场靠近。场址选择要求的基本条件：具有清洁的育苗水源，远离河口及污染水源。水温 25～28℃；溶氧量 5.0～7.5 mg/L；总氨态氮 0.4 mg/L；亚硝酸态氮 0.001 mg/L；非离子态氨氮 0.02 mg/L；pH 为

7.8～8.3；化学耗氧量为 1.0 mg/L，水清澈透明。淡水供应充足，交通、通信方便。

优质的水源是保证小龙虾成功育苗的前提条件。通常育苗用水要求完备的过滤措施，达到去除杂鱼苗、大颗粒物质的目的，用臭氧或紫外线消毒有利于去除有机物、病原微生物等。然而，天然水源本身存在有益物质，比如可供小龙虾幼体摄食的饵料生物、有益的细菌、微量元素等，在过滤、消毒中也难免会波及。

二、育苗场的配套设施

育苗场主要包括幼体培育池、饵料培养室(如单胞藻、轮虫、卤虫、枝角类、桡足类及其他浮游动物)、供水及水处理设施(包括储水沉淀池、过滤、消毒设施等)、充气设施、增温系统及其配电设备等。

1.育苗池

育苗池宜为矩形，单个池塘面积为 1～2 亩，水体深度可根据小龙虾生长情况由浅入深。要求内壁光滑，进排水设施完备，池底有一定的倾斜度，并在排水口处设计虾槽和排水管，排水管可设计在池内的可用内外两层套管，外套管高于内套管，底部留有缺口，利于“排污保鲜”。排水孔的孔径根据池子的大小而设计。育苗池应设有输水、充气和增温管道，管道安装要坚固安全，便于操作、维修。

2.饵料培养室

饵料培养室包括藻类培养室和动物性饵料培养室。藻类培养室以培养单细胞藻类为主。培养室四壁通光透亮、玻璃钢覆顶、设天窗，可随时调节光照强度，而且晴天时光照强度能达到 10 000 lx 以上。室内建有单细胞藻类藻种间、二级培养池和三级培养池。二级培养池面积可为 1.0～2.0 m^2，池深 1.0 m 左右；三级培养池面积可为 10～15 m^2，池深 0.8～1.0 m。三级培养池应有人工光源、增温及充气设备。

动物性饵料培养室以培养轮虫、枝角类等为主。独立设置轮虫、枝角类培养池，单池面积 10～15 m^2，池深 1.5 m 左右，池内有充气和增温设备，室内、室外均可，有条件可设塑料大棚，有利于保温挡雨，轮虫及饲喂的单细胞藻类饵料的培养也可在室外塑料大棚内进行。

3.水质分析室

为了能及时掌握育苗过程中的水质状况及幼体发育状况，育苗场必须建有水质分析室，配备所需的测试设备，如温度计、盐度计、溶氧测定仪、分光光度计等。

4.病原检测室

确定小龙虾可能携带病原的种类，设置显微镜、解剖镜离心机、PCR 仪、超净台等相关配套设备。

5.其他设施

其他育苗涉及到的水产设施，如供水及水处理设施（包括储水沉淀池、过滤、消毒设施等）、充气设施与增温系统等，可参照小龙虾育种第六节内容，本小节不再赘述。

第四节　分塘、分级操作规程

选育出的不同群体/家系的虾苗应注意分塘管理，避免出现家系交叉、任意杂交现象。当虾体长为 3 cm 时，可从不同的家系中取样做标记，然后放入相同的环境中混养直到收获，以对不同家系各种生长指标进行相同环境条件下测试，进而计算各性状的遗传参数，对家系及个体育种值进行预测，并基于育种值对群体/家系/个体进行选留。

分级管理是将虾苗定期根据体重大小分成不同级别的管理方法。补偿性生长是分级管理的理论依据，鉴于小虾对大虾存在恐惧心理，行为懦弱，行动迟缓原因，对虾苗进行合理分群，构建势均力敌群体，降低个体差异，有利于虾苗的同步成长，甚至后者居上，有利于提高成活率和产量。

幼虾成活率反映了小龙虾群体内的生存环境。2019 年 11 月 6 日，笔者将 15 尾小虾和 1 尾大虾放入盆中，第 2 天有两尾小虾被吃掉；第 3 天有 7 尾小虾被吃掉，4 尾小虾缺氧而死。试验表明，在有限的培育条件下，如果大小差异过大，小龙虾之间的竞争相对比较激烈，弱势个体就会被淘汰，使得存活下来的个体拥有较大的生存空间，存活到实验结束的个体均为优质个体，生长的相对良好。

由于小龙虾具有明显的等级制度，在争夺种群中的社会地位以及食物、空间的优先权和所有权时，个体间往往会发生严重对抗，规格越大优势越明显。随着小龙虾规格越大，个体间的相互接触和打斗越发厉害，身体的大部分能量消耗在争夺隐蔽场所、食物和对抗上，用于生长的能量相对变少。2011 年，熊青海等在亲缘关系对小龙虾仔虾种内斗争的影响中指出，变异系数的增大会降低螯虾的市场价值，间接指出小龙虾个体差异越大，养殖效益越低。

因此，虾苗在生长过程中及时分级非常有必要。而关于虾苗的分级管理，必须“以虾为本”，站在虾苗的角度考虑问题，在小龙虾育苗时应采取适当的措施，在合理安排培育幼虾的密度、定时投喂饵料、适当增加遮蔽物的数量等前提下，及时分级饲养，降低小虾被吃掉的风险，提高养殖成活率。

虾苗日常管理：幼虾培育池水深 0.3～0.5 m，随着幼虾的生长水深逐渐加深到 0.6～1.0 m。也可采用孵化后的池塘直接进行培育，培育时，应将雌雄亲虾移走，水草和石棉瓦留池继续使用。虾苗放养量一般约为 20 000 尾/亩，注意同塘中虾苗规格保持一致，并选择晴天早晨或阴天投放。

育苗阶段，藻类应用通常是从刚孵出的虾苗开始，将藻类投喂到水体中供幼体滤食，后期育苗时依然保持水体中有少量密度的藻类，关于具体投喂技术可参考第六章第二节内容，此处不再赘述。

每日记录池塘的水温、溶氧、pH、亚硝酸盐和氨氮浓度等常规指标，做好数据统计和分析，及时反馈，以便及时应对调整。

第五节　未来发展趋势——工厂化育苗

小龙虾工厂化育苗是以育苗设施和设备装备幼体培育车间，采用科学化、机械化、自动化等技术手段，以工厂流水线模式规模化培育小龙虾幼苗。工厂化育苗一般建立室内水泥池或者温室大棚，定期换水和充气，控温、控光等，配合标准化操作流程，以降低气候带来的局限性，为虾苗的生长发育提供优越环境，从而进行高密度、高质量育苗。它的关键技术包括：前期亲虾选育技术、育苗水质调控技术、幼体各阶段饵料选培与营养强化技术、水质检测技术、幼苗疾病预防控制技术、环境控制技术等。

一、育苗设施

工厂化育苗设施主要包括育苗池、供水系统、供气系统及应急供电设备等，育苗池面积设 25～30 m^2/口为宜，池深 1.0 m 左右，进、排水管道以塑料材质为好，池内人工设置巢穴、放置盆栽水草、挂靠毛刷等，此外在水体添加益生菌，为小龙虾苗的快速发育提供必要条件。关于育苗建厂的规模，应根据资金投入、生产规模及周边地区虾苗市场需求量力而行。

二、育苗管理

将土塘孵化出来的虾苗转移到育苗车间里，进行控温控光、分级培养、营养强化等处理。孵化后的幼虾很快就可以开始进食，此时即可投喂饵料。饵料以天然浮游动物和人工饵料为主。天然浮游动物主要为轮虫、小型枝角类及桡足类，上午与下午各投喂 1 次；人工饵料主要为蚌肉浆及颗粒饲料等，每天投喂 2～4 次，投喂量应根据幼体活动、摄食及发育情况等来确定。在育苗过程中做到勤换水、勤增氧、勤观察、勤检测，并做好生产记录，及时调整投饵量和水环境，及时分级管理，以缩短虾苗出池时间、提高育苗效率、确保规格基本一致。目前，小龙虾工厂化育苗技术仍处于探索阶段，在国内尚未广泛应用。

三、与土塘育苗形成优势互补

工厂化育苗相对土塘形成的互补优势主要体现在：一是土塘育苗规模大，操作简单，但不方便管理，捕捞有一定困难；二是土塘育苗的虾苗不易计算，在生产管理、饲料投喂上难以作出精确估算和计划；三是工厂化育苗占地面积小，但基础设施投入成本高；四是工厂化育苗易分级管理、易控水质、易控病害、易捕捞，出池虾苗规格整齐、计数准确，方便捕捞和运输，可以周年生产等优点，与土池育苗形成优势互补带动小龙虾标准化生产。

第五章　小龙虾成虾养殖技术

小龙虾规模化养成养殖发展较快，但是技术储备薄弱，科研力量不强，各地各有养殖习惯方式，尚未形成统一的、标准的小龙虾养殖技术方案，加上管理水平参差不齐，导致高质高产高效目标难以全面实现。

根据我国南方气候特征，小龙虾的室外养殖期规划为 2～3 个月，完成幼虾到商品虾养成阶段性的发育，平均体重达到 30 g 以上。从生物安全的角度，为了更好地预防小龙虾疾病感染，笔者建议实行育（育苗）养（养成）分离养殖模式，建立独立养殖系统。

第一节　养殖模式

一、传统养殖模式

当前全国小龙虾养殖的两大主流模式：一个是稻虾共作模式，养殖面积占到全国小龙虾养殖面积的 75%左右；另一个是池塘精养模式，养殖面积占到全国小虾养殖面积的 17.86%左右；还有其他莲藕（主要）、茭白套养等养殖模式约占 7.14%。

（一）稻虾共作模式

稻虾共作模式是将普通稻田单一的种植模式提升为立体生态的种养结合模式，即小龙虾养殖与水稻种植共用稻田，利用稻田的环形沟，辅助人工措施养殖小龙虾，既种稻又养虾，提高稻田单位面积效益的一种养殖模式。这种模式属于粗放粗养方式，操作简易。

优点：①小龙虾可为稻田除草、灭虫、松土等，而稻田也为龙虾提供适宜的环境和充足的饵料；②充分利用稻田浅水环境，提高稻田单位面积经济效益；③减少农业面源污染和水产养殖尾水污染；④出苗早、出苗多、出苗率高；⑤种养双收、抗风险能力强。

缺点：①养殖产量低；②两虾占比少。

（二）池塘精养模式

池塘精养模式主要是根据小龙虾的杂食性、易于存活和捕捞等特性，参考养蟹模式设计池塘，同时搭配基础设施，栽种水草，按需控制水位的一种养殖模式。这种模式的养殖密度大、操作精细、管理要求高。

优点：①水位深、发病率低；②饵料利用率高、饵料系数低；③青壳虾和两虾占比高；④出货时间长、可错峰上市。

缺点：①出苗晚、产苗量低；②养殖成本高。

（三）其他模式

目前，除了上述两种主流养殖模式以外，还形成了藕田套养（主要模式）、鱼塘套养、浅滩混养、芦滩养殖、圩滩养殖、林间沟养殖、茭白田养殖、水芹菜田养殖、大棚养殖等模式。现以藕田套养模式为代表，做简要介绍：藕田套养模式实则是稻虾共作的延伸，该模式利用藕田的水体剩余空间套养小龙虾，一方面藕田中的水草、生物饵料可为小龙虾提供天然饵料；另一方面，小龙虾的排泄物还为藕田提供有机肥料，实现藕虾双丰收。

近年来，关于小龙虾养殖已形成了十几种养殖模式，这些都是养殖户根据当地的气候环境条件、结合自身的养殖水平，不断探索、不断总结的智慧结晶。

二、池塘网格化养殖新模式

（一）定义

池塘网格化养殖新模式是“以虾为本”，充分遵循小龙虾的杂食、底栖、掘洞、攀爬、晒月亮、互相残杀等生活习性，集合稻田和池塘精养两种优势，以提高成活率和单位面积产量为目的，从池塘的网格化设计改造和专用设施投入入手，用最低成本获取最大效益为目标的一种高效养殖模式（具体池塘设计参照种虾池的方案）。

（二）设计方案

小龙虾是底栖动物，所以从池塘底部来做文章最为合理。该模式主要依据小龙虾生物学习性，参照“米”“回”等字形设计池塘外形；塘内设土梗，梗上面积留大一点种水稻，两边较深，有深有浅；底下放板，如石棉瓦、塑料板等；悬挂一些毛刷；栽种伊乐藻、轮叶黑藻等水草；池底铺设人工洞穴，池顶安装遮阳棚，池边放置防逃设施（如铁皮等），为小龙虾营造安稳舒适的家，从而达到高效养殖的效果。而各个环节的设计理念如下：

1. 土埂：一是增加小龙虾触底面积和打洞面积；二是方便小龙虾爬上来。

2. 种植水稻：水体污染来源主要包括剩余的残饵、虾排出的粪便、空气中自然的灰尘和外来水源可能携带的淤泥或泥沙四个方面。在塘边 1 m 远处种植水稻，塘边和水稻中间喂料，一是残饵不会流到中间去，投料时应分开投料，不要随意到处投喂，提高饲料利用率和能量转化率；二是可以遮阳。

3. 底下放置石棉瓦、塑料板等：一是可以挡光，减少虾的性早熟；二是相对遮阳棚造价低；三是污泥沉积在板上，底部比较干净；四是省去遮阳棚，水草更易进行光合作用，为水底补充氧气。

4. 悬挂毛刷：利于菌类附着繁殖，促进水体的稳定。

5. 栽种水草：净化水质、增加底部溶氧、供小龙虾攀爬。

6. 铺设人工洞穴：提供躲藏空间。

7. 防逃设施：防止小龙虾逃脱、串塘、任意杂交。

(三)优缺点

优点：①有利于增加打洞接触面，提高种虾交配率、亲虾孵化率；②有利于就近攀爬露头，尤其在缺氧时提供逃生机会，提高成活率；③有利于就近摄食，提高增长率；④有利于提供蜕壳期躲避场所，减少残杀机会。

缺点：基础设施投入较传统模式稍高。

第二节　前期准备工作

一、清污整池

池塘养殖结束后，有水泥底的养殖池清污比较简单，一般使用高压水枪清除池底上的底泥、附着的藻类等生物。一般的外塘土地，应将养殖池及蓄水池、沟渠等积水排净，封闸晒池，维修堤坝、闸门，并清除池底的污染杂物，特别是清除丝状藻类。沉积物较厚的地方，清除后应翻耕曝晒或者反复冲洗，促进有机物分解排出池外。翻耕池底需要达 20 cm 深，方可使池底暴晒干燥达到 10 cm 以上。清污整池也需要清除不利于小龙虾的敌害生物、致病生物及携带病原的中间宿主等，尤其注意对甲鱼等天敌的清除工作。清污整池至少应该在养殖进水前 10～15 天完成。此外，笔者曾就小龙虾与泥鳅是否共生的关系做过试验，发现两者是相互制约的，主要体现在食物争夺上。

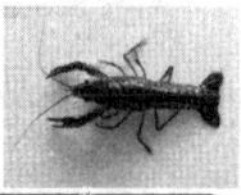

二、消毒除杂

对养殖池、蓄水池及所有沟渠进行消毒，清除病原细菌、病毒及其他有害微生物。消毒药物可选用含氯消毒剂、含碘消毒剂、氧化剂等，严格按药物说明书使用。严禁使用国家明令禁止的药物。消毒方法通常采用水溶液消毒，往池内注水 10～20 cm 高，将药物溶入水后，搅拌均匀，并将药物泼到溶液浸泡不到的堤坝等地方。经常使用的药物有下面几种。

1. 生石灰。用量为 60 kg/亩，均匀撒入池中，可杀灭鱼虾及微生物。如果池底为酸性土壤，可适当加大用量（养殖过程中的消毒，生石灰仅 20 kg/亩）。

2. 漂白粉。加入含有效氯 25%～32%的漂白粉 50～70 g/m^3，可杀灭原生动物、病菌等生物。

3. 茶籽饼。主要清除血红蛋白鱼类。

三、水草种植

虾大小、看水草，水草作为小龙虾优选植物饵料，池塘中种植水草既可丰富池塘的生物多样性，提高水体稳定性和生态修复力，还可以增加小龙虾攀爬活动的立体空间。

在池塘里移栽伊乐藻、轮叶黑藻、金鱼藻等沉水性植物，在沟坡边种植空心菜，在水面上浮植少量的小浮萍或者水葫芦等。保持光照，控制水草的面积，一般占池塘面积的 40%。水草分布以零星点状为好，不可聚集成一片，有利于池底水流畅通、小龙虾分散活动和觅食(详见水草篇)。

四、培植有益微生物

根据水源及水处理条件决定蓄水时间，水源比较清洁时虾池进水前几天进行蓄水即可，但是如果水源水质复杂，则需要向蓄水池早进水。小龙虾养殖池水源经粗滤，再经沙滤或 80～100 网目筛选过滤。刚开始加水量不易过深，0.5～1.0 m 深为宜，待水草长好后再适当增加水量，确保肉眼可观察到水草。

养殖池消毒结束 1～2 天后，消毒药物失效，可开始纳水肥水培养基础饵料生物。全池泼洒用芽孢杆菌发酵过的牛粪或鸡粪，每亩用量 100 kg，一方面可增加水体肥度，另一方面可培育大量浮游动物等天然饵料。施肥 5～7 天后，一般都能把水做起来，当池水透明度达 30 cm 左右时，应停止施肥；在养成中后期视水色和透明度情况分别补施和追肥，使水色和透明度达到放苗和养成期水质要求。通过肥水，培养出良好水色和透明度，为养虾成功打下良好基础。

此外，还可增加培植微生物车间或者大型发酵罐。①培植微生物车间：外立架顶部设有遮光网，内棚室设有多个弧形顶，弧形顶上安装有阳光膜，在弧形顶最高的位置安装有外喷淋管。要求环境密闭，采光条件好，空间利用率高，室内温度为25～30℃。②菌类发酵罐：可以用菌类培养液和苹果、桃子等水果一起生产有益菌类的发酵设施装备，是利用生物发酵原理，提供最佳的营养、酸碱度、温度、供氧量，使水果快速发酵、扩繁，在短时间达到一定菌球数量，完成一个发酵周期。

五、辅助设施

（一）防逃设施

独立的小龙虾养殖场应设立防逃设施，以防止小龙虾逃跑。现有多数养殖场设置的防逃网不防逃、易烂，笔者建议可用铁皮围置高 30～50 cm，内外安装“个”字形防逃网。

（二）人工洞穴

用竹筒或 PVC 管制造人工巢穴（灰色或黑色），长度为 10～20 cm，利于小龙虾躲藏，尤其在蜕壳时期。唐建清等（2016）研究了在实验室内人工洞穴对小龙虾存活率的影响，并在洞穴的质地、长度对入穴率的影响做了比较实验，结果表明，有人工洞穴比自然状态下，小龙虾的存活率提高了 6.4 倍，此外，小龙虾更适应洞穴较长的、避光、透气的人工洞穴。骆磊等（2019）发现小龙虾喜栖息躲藏于竹筒洞穴中，垂直摆放洞穴的上下位置会影响虾的分布；小龙虾更喜欢在中下层和下层洞穴中躲藏，其分布数量由下而上依次降低。

龚世园等（2007）发现土塘养殖的小龙虾掘洞时间多在夜间，可持续掘洞 6～8 小时，成虾一夜的挖掘深度可达 40 cm，而幼虾可达 25 cm。成虾的洞穴深度大部分在 50～80 cm，少部分可以达到 80～150 cm；幼虾洞穴的深度在 10～25 cm 之间；体长 1.2 cm 的稚虾已经具备掘洞的能力，洞穴深度在 10～20 cm。洞穴分为简单洞穴和复杂洞穴两种：85%的洞穴是简单的，即只有一条穴道，位于水面上、下 10 cm 之间；15%较复杂，即有 2 条以上的穴道，位于水面以上 20 cm 处。洞穴的密度为 2.8～5.6 个/m^2。每个洞穴中一般有 1～2 只虾，但冬季也常发现一个洞中有 3～5 只虾。小龙虾在繁殖季节掘洞强度增大，在寒冷的冬季，掘洞强度微弱。

（三）增氧设施

具体参考第三章第六节内容，此处不再赘述。

第三节　池塘生物多样性与投放辅助生物

池塘生物多样性是小龙虾赖以生存和生长的基础，在保持池塘底泥肥力、保证水质以及调节水环境平衡等方面发挥了重要作用，主要包括小龙虾、水草、水体微生物、其他生物以及整个水体环境。小龙虾养殖中，可通过在水体中种植水草、施加有机肥、投放适量螺蚌等方式，以维系池塘生态环境的稳定，增加池塘的生物多样性，促使小龙虾养殖过程产生意想不到的效果。

笔者曾试验将漂螺投放入小龙虾池，发现在小龙虾死亡 2 天后，小龙虾尸体被漂螺吃掉大半。此外，笔者考察广东地区有大量福寿螺，湖南有少部分，不少养殖户反应福寿螺是小龙虾养殖中比较大的问题，原因是福寿螺吃水草，且繁殖快、不易杀灭。笔者认为，可在养殖池中投放田螺，一是为小龙虾提供饵料，更重要的是对福寿螺产生竞争关系，抑制福寿螺的生长与繁殖。

（一）螺蛳

螺蛳是小龙虾非常重要的动物性饵料，而且同样作为底栖动物，螺蛳是小龙虾天生的捕食对象，并全程为小龙虾服务。据笔者深入观察，由于螺蛳行动缓慢，虾苗在 1 g 以上就开始学习、操练、捕抓及打开螺厣、掏吃螺肉技巧。螺蛳全身是宝，干物质中粗蛋白含量 55%、钙质 5%，还富含各种氨基酸、微量元素和维生素。因此，没有螺蛳的水底世界小龙虾注定不会精彩。

此外，螺蛳还能摄食小龙虾的剩余饵料、有机碎屑、藻类，对水质有净化作用。在池塘注入新水后，即可投放螺蛳，螺蛳繁殖生长的最适水温为 20～26℃，一般选在每年的清明节前投放，提早投放不但可以使螺蛳尽早适应新的生长环境，而且为早繁殖幼螺做准备。但是螺的投放有利有弊，所以要严格控制螺的投放量，一般螺蛳投放量 150 kg/亩，后期视螺蛳存池密度可适当补投。

（二）河蚌

河蚌生活在淡水湖泊、河流等水底或泥沙中，也是小龙虾鲜活饵料的绝佳选择，主要分布于江苏、湖南等地，食物主要是单胞藻、原生动物、残饵和有机碎屑等，滤水能力极强，也可以净化水质。但河蚌生长周期较长，5 年才可性成熟，一般投放量为 100～200 kg/亩，后期视密度可适当补投。

（三）合理使用灭虫灯

据笔者观察发现，小龙虾喜欢捕捉水上漂浮的蛾、摇蚊幼虫等昆虫，而且这种天然饵料营养价值高，因此，在养虾池水面上安装灭虫灯，可以减少人工投料，节省成本。

第四节　虾苗投放

一、虾苗选择

使用优质虾苗，放苗前应对虾苗进行病原检测，选择检测无特定病原的虾苗。肉眼观察，优质的小龙虾苗应具备如下特征：

1. 体重要求。虾苗体重为 5～10 g。

2. 外形。群体发育整齐，形态完整，无断肢损伤与畸形，体表光滑，体色纯正，体表无外部寄生物及附着物，附肢齐全，尾扇显著分开，无病无伤，活动能力强。

3. 活动状态。活动强壮有力，对外界刺激反应灵敏，对水流刺激，逆水流能力强。

如果虾苗出现身体瘦弱无力、行动迟缓、无游泳逆流能力，体表有附着物、寄生物等现象，均判定为劣质虾苗。

二、虾苗运输

虾苗运输注意预防应激。运输前，应在红糖水浸泡一下，因为红糖水可以锁住水分。然后采用聚乙烯网布、钢筋网格箱（长 80 cm、宽 40 cm、高 15 cm）分层运输，网格箱底部铺一层水草后放入小龙虾苗种，然后再覆盖少量湿润水草，一只一只地垒叠，每只网格箱可放小龙虾苗种 6～8 kg，在运输箱中放冰块降温，运输途中注意保持虾体潮湿。这种方式运输量大，对小龙虾的伤害较小，运输时长可达 5～8 小时，成活率在 90%以上。一般 50～100 km 的短途运输（不超过 2 小时），采用普通面包车即可；而 100 km 以上的中、长途运输（最好不超过 8 小时），须采用恒温车（大小依运输量而定）运输。

三、虾苗投放注意事项

外来运输时间过长（超过 6 小时）的虾苗，其鳃已有所损伤，不能马上放入深水池，避免“淹死”在里面。放苗前，必须先对养成池的水质进行分析检测，确认符合放苗条件后，再适当添加抗生素（庆大霉素等）、维生素 C、葡萄糖等抗应激药物。需要强调的是，外地进来的虾苗时，很多虾农往往只注意水温而忽视 pH，其实小龙虾对 pH 很敏感，所以放虾苗之前，务必保证池塘 pH 与原产地一致。

池塘放苗前可恢复小龙虾机体的能量。放苗时，将暂养过的虾苗放在养成池浅水处，让虾适应后自动爬入池塘中，或者拿捞网将虾苗浸泡在水体 1～2 分钟再提起，反复 3～4 次，使虾体充分呼吸、适应池塘水体后，即可分散、放养在养成池中。每个养殖池应一次放足同一规格的虾苗。为了观察放苗后的急性死亡情况，可在养成池边上放围网，然后放入 100 尾哨兵虾观察 24 小时，围网内可适量投饵。并且密切观察哨兵虾的活动、摄食、残食等情况。24 小时后成活率在 85%以上为正常；如果低于 70%，应再观察 24 小时，直到死亡率相对稳定；如果死亡严重，需要分析原因，并重新补苗。

放苗时间通常选择在晴天上午，养成池水深应 30 cm，养成池内的微藻以硅藻和绿藻等有益藻类为优势藻类，虾池日最低水温应在 15℃以上，养成池最低溶氧在 3.5 mg/L 以上，养成池水 pH 为 7.8～8.6。幼虾放苗密度一般为 1.5 万～2.0 万尾/亩，注意同池中虾苗规格保持一致，轻拿轻放，均匀投放在池塘四周。虾苗投放后及时观察池塘和围网中小龙虾活动情况，6 小时后开始喂食，喂料中拌些肠炎药。注意，为进一步降低小龙虾对新环境的应激反应，放苗时，可全池泼洒多维和抗应激药物，增强机体免疫力；以后每隔 10～15 天泼洒一次消毒药(聚维酮碘等)，对池塘整体进行周期性杀菌消毒。

第五节　养殖日常管理

一、日常巡塘

养殖户应每日清晨及傍晚巡池一次，仔细观察养成池环境变化、水色、小龙虾活动、安全状况，做到及时发现，及时处理。检查的主要内容如下：

1. 养成期应经常做病原生物检测。重点做白斑综合征病毒和弧菌。小龙虾白斑综合征病毒检测，通常使用核酸探针、PCR 技术。如果发现小龙虾带病潜伏感染，需要保持水环境稳定，强化小龙虾营养；如果难以控制病情发展，应及时收虾。对养成池水环境中的弧菌，应用弧菌选择性培养基——TCBS 平板培养计数，对环境中的弧菌数量变动进行监测。养成池水环境的弧菌数量应控制在样品中含有的细菌群落总数在 10^3 CFU/mL 以下。

2. 检查养虾池周围的隔离设施。用铁皮围住，上面设置“个”字形防逃网，预防池外蛇类、鼠类进入。

3. 检测氨氮、pH、溶解氧等水质要素。每日 6:00 和 16:00 检测溶解氧、氨氮、亚硝酸盐、水温、pH、透明度等(表 5-1),还应经常检测观察池内浮游生物种类及数量变化。

表 5-1　水环境指标适用于我国的小龙虾健康养殖

环境参数	适宜指标	变化范围
溶解氧	3.5 mg/L 以上	短时间不得低于 3 mg/L
温度	15℃以上	最低不得低于 5℃
总碱度	80～120 mg	—
pH	7.8～8.6	日波动不得大于 0.5
亚硝酸盐	小于 0.15 mg/L	总含量不得大于 0.3 mg/L
氨	非离子态小于 0.1 mg/L	总氨氮不得大于 0.6 mg/L
透明度	50～70 cm	不得低于 50 cm,不得高于 70 cm

养成池内溶解的有机物量多时,搅动水体,易产生泡沫,因此增氧机开动后,通过观察水面泡沫,就可发现水体情况变化。

4. 观察小龙虾活动及分布。正常情况下,小龙虾在池底、池边摄食,如小龙虾四肢无力,则为病态表现。为了保护好水质,发现病虾及死虾后应及时捞出。

5. 每 15 天测量一次小龙虾生长状况。小龙虾的生长速度因其大小、种类、水温、饵料不同而差异较大,可通过定期测量小龙虾的体长和体重来了解虾的生长状况,每次测量随机取样不少于 50 尾,计算平均每尾重量。

6. 观察小龙虾摄食及饲料利用情况,以判断虾的数量,健康状况,饲料的质量和适口性。

7. 检查闸门、沟渠、池坝安全。做好防洪、防逃及用电安全。

二、管理和记录

水中天然生物饵料匮乏时,可适当投喂一些野杂鱼、搅碎的螺肉、蚌肉等,也可人工捞一些枝角类和桡足类等浮游动物。每日可投喂 1 次人工饵料,投喂时间以下午为主,饲料放在岸边浅水处和虾穴附近,坚持"定时、定点、定质、定量"的四定原则投喂,一般以投料后 2 小时基本吃完为宜。

培养期间视情况每 15～30 天换一次水,每个换水周期换水 1/3;每 10 天泼洒 1 次聚维酮碘,其浓度为 2 mg/L 左右,以调节和净化水质。

日常培水应少量多次,避免藻类暴死和菌藻过度好氧。阴天少肥,池水的透明

度控制在 40 cm，白天适当开增氧机（晴天 2 小时、阴雨天 4～6 小时）。养殖后期应减少投喂、降低密度、回归自然。

经 45～60 天培育，虾体重基本可达到 30 g 左右，少量达到两虾水平，即可适当捕捞选种或出售。每日记录池塘的水温、溶氧、pH、亚硝酸盐和氨氮浓度等常规指标，以及虾苗来源、水源、天气、死亡量和用药情况等，做好数据统计和分析，及时反馈，以便及时应对。

三、水位及换水

养成前期，每日少量添加水 3～5 cm，直到水位达 1.8 m，保持水位。养成中后期，根据透明度及藻相变化，如透明度过低（低于 20 cm），或透明度较大（大于 80 cm），有害的单细胞藻过量繁殖等，均需酌情换水，采取少换缓换的方式，勿大排大灌。缓慢进水加到池塘水上层，日换水量控制在 5～10 cm。

整个养成期要保持水位在 1.5 m 左右，严防养成池渗漏。另外，可使养成池保持少量的盐度，一是对防病有重要作用，二是适量的盐度会促进绿藻、硅藻等有益单胞藻类的繁殖，保持藻相稳定，对稳定水环境有重要作用。

四、使用增氧机

目前，调查发现内陆大多养殖户养殖属于粗放型养殖，多数不安装增氧机，他们认为水草可增氧、水生生物少，怕增加投入，成本高，所以就使得养殖产量得不到有效提高。

小龙虾养殖密度稍微大一点，就容易缺氧，要养好且有稳定收入，必须稳定增氧。其一，小龙虾生活在底层，溶氧较低；其二，池塘水底微生物等耗氧；其三，水底剩余饵料及排泄物长时间堆积，会产生有毒物质。因此，增加投入，购买增氧机，溶氧在小龙虾养殖中非常重要，有些养殖会安装网片，网片对于缺氧的小龙虾来说是无法逃命的。

溶氧是最核心最重要的水质指标。要想养好虾，必须增氧，缺氧条件下大虾死亡更快，池塘里没有混养其他鱼虾，水生生物不多的情况下，增氧机的标准 500W/亩足以。安装通气管均匀分布于池塘各处，连接爆气孔、气室，边上安装粗管，二级通气管使用细管，并在池塘中间用铁丝均匀地把气室管吊下去；条件好的可用微孔增氧设备。

适时开动增氧机可以给池塘水体增氧，不过增氧机开动的时机选择很重要。

①晴天中午开：晴天中午开动增氧机，可使上、下层水得以交换，温差与氧差大大减少，下层水中的氧气可得到及时补充。

②阴天清晨开：阴天清晨时的光照强度弱，池塘中浮游植物的光合作用产氧较少，水体溶氧较低。

③连绵阴雨天半夜开：在连续阴雨的情况下，由于长时间缺少日照，虾塘中的浮游植物的光合作用造氧极少，必须在半夜开机增氧，防止鱼泛塘死亡。

④傍晚不开：傍晚时，虾塘中浮游植物的光合作用即将停止，不再供氧。若此时开动增氧机，会降低上层水的溶氧，下层水的溶氧又很快被消耗，加速了耗氧的速度。

此外，开动增氧机的时间长短也应注意：闷热天气开增氧机时间要长，凉爽天气要短；半夜开增氧机时间要长，中午要短；施肥后开增氧机时间要长，不施肥时要短；风小时开增氧机时间要长，风大时要短。

五、水环境管理

春天池塘水很清，水温未回升，藻类和菌类生长慢，此时可采取"人工干预，先入为主"的管理理念，全池泼洒有益藻类营养盐（可参考表 5－2 配方，加入小球藻营养盐）和益生菌类（红糖发酵后的菌类），定向培养优势藻类和菌类，改善溶解氧，稳定藻相和菌相的波动，减少 pH 的波动，降低有害藻类和异养菌数量。

在养殖过程中，浮游植物在养殖池内可调控重要生态因子，应着重培养以单细胞藻（绿藻、硅藻、金黄藻等）和有益菌类（光合细菌、乳酸菌、芽孢杆菌等），形成以黄褐色或浅绿色等为主的水色。此外，还要保持适宜的透明度，控制单细胞藻过度繁殖，预防"倒藻"。养殖前期，透明度控制在 40～50 cm；养殖中、后期，透明度控制在 50～70 cm。

预防水体肥度发生急剧变化的主要措施如下：

①养殖前期，控制蓝藻等藻类的过量繁殖，定期补充有益单胞藻繁殖必需的营养盐，适量施肥，或搅动池底，促进微藻快速繁殖。保持水深在 1 m 以上，降低池底光照强度，是维持藻相稳定的重要措施。

②养殖后期，适量增大水的循环流动量，调控藻类的繁殖速度，增加益生菌，加大细菌分解池内有机物力度。低盐度（2‰～5‰）养成池易培养有益单胞藻，但也易引发轮虫暴发性繁殖，造成单细胞藻大幅度波动，所以需经常检查浮游生物情况。水色变红、变黑、白浊等，通常是有害藻类或有害原生动物、有害微生物大量繁殖所致，需要换水稀释并针对性地用药物杀灭。

③连阴天、暴雨降水，易造成藻类下沉，此时应打开增氧机供氧。藻相不良或透明度过大，可及时向养成池引入其他藻相较好的藻液，并泼洒营养盐调节。而经常使用含芽孢杆菌等益生菌制剂，有助于维持的良好藻相。

表 5-2 小球藻营养盐配方

试剂	用量
$NaNO_3$	0.25 g/L
$K_2HPO_4.3H_2O$	0.075 g/L
$CaCl_2.2H_2O$	0.025 g/L
KH_2PO_4	0.175 g/L
NaCl	0.025 g/L
Soilextract(土壤提取液)	40 mL/L
$FeCl_3 \cdot 6H_2O$	0.005 g/L
Fe-EDTA	1 mL/L
A5 solution	1 mL/L
distilled water	958 mL/L

A5 溶液配制方法：

试剂	用量
H_3BO_3	286 mg
$ZnSO_4 \cdot 7H_2O$	22 mg
$MnCl_2 \cdot 4H_2O$	181 mg
$CuSO_4 \cdot 5\ H_2O$	7.9 mg
$(NH_4)_6Mo_7O_{24} \cdot 4H_2O$	3.9 mg

按按上述称量药品，溶于 100 mL 水即可。

EDTA-Fe 的配置方法：

成分	体积
A 液： Na_2EDTA	1 g
distilled water	50 mL
B 液： $FeCl_3 \cdot 6H_2O$	81 mg
HCl(0.1 mol/L)(0.1 mol/L)	50mL

分别配置 A、B 液，充分搅拌溶解后，将 A、B 液混合搅拌均匀即可。

每吨水加入硫铵 300 g，过磷酸钙 50 g。

六、病原的检测及控制

病原检测及控制是达到健康养殖目的的重要手段，要在养殖全过程各个环节控制病菌数量。

(一)日常检查及检测

小龙虾养成期间，必须经常检测虾体、饵料、水环境生物中可能发生的病菌，如弧菌等。养成中后期，如果检测发现病菌，应及时治疗，以防小龙虾发生多种病原交叉感染；如果确实难以控制，可提前出池，减少生产损失。病毒性病原检测可以使用T－E染色法、H. E. 染色法、核酸探针法、PCR法各种检测技术。灵敏、准确的核酸探针检测试剂盒及PCR等检测技术已在生产上得到推广应用。细菌等其他微生物病原生物的检测，可按相关的指导手册进行。经常检查池内致病性弧菌的数量变化及病毒病原，对安全生产有重要指导作用。

(二)适当使用药物

使用抑制病毒、细菌、纤毛虫等病原微生物，为预防水环境中的病原微生物数量扩增，可以使用漂白粉(0.5～1.0 mg/L)，或二氧化氯及其他含氯消毒剂杀灭病原微生物，如果对原有微生物群落造成不良影响，需重新繁殖有效微生物群落。药物需按生产单位提供的使用说明使用。可适量使用药饵，建议使用抗菌抗病毒的中草药，如大蒜素等为主要药物成分的药饵。

七、尾水处理

小龙虾养殖中产生的富营养化废水及虾池清出的底泥，若不加以处理而直接排入河流，必会造成河流的局部污染。因此，有必要对小龙虾养殖废水的排放作出一些要求：虾池废水应先经沉淀沙滤池过滤再排放，沉淀沙滤池面积不得少于虾池总面积的10%；病虾池的水应先用漂白粉30～50 mg/L消毒，再经沉淀沙滤池过滤，最后再排放；养成池的底泥等污物应先排到清污池处理，再排放。

污水处理方法：养殖场排出废水的营养物质和悬浮物可使用物理、化学和生物的方法减少悬浮物，如通过沉淀池或经过较长的渠道自净去除。可使用常用消毒剂处理虾池排出的废水，降低虾病传染的风险，通常使用的漂白粉浓度是25～30 mg/L。

此外，生物处理技术是最好的污水处理办法，主要包括生态综合养殖，如虾场混养螺蛳、淡水贝类等。螺蛳作为底层动物，主要用于去除杂物、清洁水体，还可作为小龙虾的饵料，为小龙虾提供高蛋白。鲢鳙鱼可被放养在水池中，不但减少浮游植物的密度，而且对预防小龙虾病菌感染有积极作用。

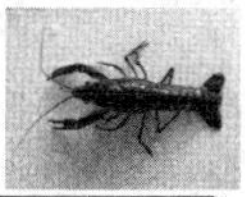

第六节　合理安排生产，规避市场风险

计划生产的思路：提前挑选种虾、提前育种、提前育苗、提前分级分塘管理，提前上市。

一、小龙虾传统养殖的弊端

①根据长江流域农业生产的规律，每年6月份开始种植中稻，稻田里的小龙虾不论大小，务必在6月份前捕捞上市。

②稻田的水位较浅，随着5～6月份整体气温的回升，稻田的水温上升较快，小龙虾快速生长，造成密度过高、空间争夺激烈。

③水温上升过快，水质恶化加速，小龙虾发病加快，导致“五月瘟”现象发生，倒逼虾农捕捞出售，造成区域性的集中上市、滥市的情况发生。

二、解决方案

①采取育养分离原则。养殖场应专门留出20%的养殖面积用于育种育苗，事先要清池、消毒、种草。5月底6月初留够种虾，并从其他地理较远的地方购买优质种虾，经过严格挑选，先将雌雄虾分开养殖一段时间，进行营养强化；7～8月份再将雌雄虾混养，让其自由交配；待交配完成后，将雄虾捞出另养或出售，留下雌虾单独孵苗；10月份待孵苗完成后，捞出亲虾，赶紧上水。

②11月份可见大量的幼苗出现，此时应及时投喂天然生物饵料和人工配合饲料。

③第二年的2月份时，气温逐步回升，可见大量虾苗，此时应加紧饲喂，强化营养。

④2月底，及时将虾苗分级分塘处理，降低单位面积的密度，确保虾苗的匀称度。

⑤强化管理。提前晒田（每年10月底11月初），提前上水（11月中下旬），提前投喂（11月底）。12月至翌年2月份对其他剩余80%的稻田围沟提前种好水草，力争2月底投放10 g左右的标准虾苗，4月份前成虾可达到678的标准，错开“五月瘟”，规避市场风险。

第六章　营养与饲料

饲料是小龙虾养殖中不可或缺的一部分，小龙虾生长和繁殖的物质基础。小龙虾属偏肉食性杂食性动物，其食性相当广泛。自然状态下，小龙虾一般摄食水草、死鱼、死蚌及腐殖质等；在人工养殖条件下，本着“以虾为本”原则，确保营养均衡和饵料安全，合理搭配动物性饵料如杂鱼、蚯蚓、螺肉、蚌肉及屠宰场的各种下脚料等，以及植物性饲料如青草、大豆、麸皮、豆渣、米糠等。

起初，小龙虾养殖户主要以投喂原料形式进行养殖，但随着小龙虾养殖面积的不断扩大，综合考虑肉饵高成本性、饵料营养全面性、水体环保性及饵料易得性等多种因素，小龙虾人工配合饲料的优势愈加明显。我国已制定了小龙虾配合饲料的地方标准(DB32/T 1273—2008)(刘文斌等，2008)，制定了江苏省小龙虾配合饲料标准，指出专用配合饲料对小龙虾的养殖效果较好。但是尽管现在已经有专门的龙虾配合饲料供应，但多数是参考蟹类的营养需求，各种配合饲料营养搭配是否均衡高效，仍然有待实践。目前市面上售卖的小龙虾饲料多数使用效果并不理想，具体表现在利用率低、成本高等方面，小龙虾养殖效益得不到提高。

其实，小龙虾对饲料营养的需要与其他动物一样，主要包括蛋白质、脂肪、糖类、维生素、矿物质。在自然生长中，它们会根据自身的要求摄取不同的饵料，来满足身体生长发育的需要。饲料中营养元素的配方对于小龙虾的生长发育十分重要，如果有其中一项缺失就会产生相应的疾病，如果饲料中营养素偏少或者过多，就会影响摄入饲料的转化率，也会引发疾病。如果采取人工配制，必须注意各营养元素的比例，相互协调，相互补充，达到平衡营养，满足小龙虾营养需求。多或少不仅会产生浪费，还会影响小龙虾的生长，甚至造成疾病。

现阶段，在小龙虾营养与饲料研究方面，小龙虾对主要营养素的需求、配合饲料标准、主要饲料消化率、不同生长阶段的专用配合饲料、抗应激、抗病等功能性饲料研究及产业化等课题研究尤为重要。本章节主要从蛋白质、脂类、碳水化合物、维生素、矿物质等几大营养素，对小龙虾各个生长阶段(亲虾、稚虾、幼虾、成虾)营养需求及其配合饲料逐一讨论，重点探讨小龙虾亲虾繁育方面的营养需求。

第一节　小龙虾的消化生理

消化系统是消化与吸收的结构基础，由消化道和消化腺组成。消化系统主要是对摄取的食物进行消化与吸收。小龙虾在进行生命活动时，需要不断的从外界摄取食物，以补充机体的能量。

小龙虾摄入食物，将食物消化，分解成为小分子物质，并从中吸收营养成分，经肝脏加工，成为体内自身的物质，供机体需要，未被吸收的物质即残剩物被排出体外，这些生理功能的完成有赖于消化系统协调的运动和各种物质的分泌，最终完成吸收。

一、消化方式

小龙虾的消化方式主要有机械性消化、化学性消化和生物学消化 3 种，通常是先用螯钳夹住，再用口器咀嚼消化，使食物与消化液充分混合，并不断将食物向消化道下方输送。

（一）机械性消化

通过消化道平滑肌的舒缩活动将食物磨碎，使食物与消化液充分混合，并不断将食物向消化道下方推送。

（二）化学性消化

通过消化腺分泌的各种消化酶分解蛋白质、脂肪和糖类等物质，使之成为可吸收的小分子物质。

（三）生物学消化

通过消化道内微生物体内各种酶系分解淀粉、蛋白质和纤维素等物质的过程。肠道细菌还利用肠内简单物质合成维生素 B 复合物和维生素 K。

二、消化系统

（一）消化系统组成

主要包括口、食管、胃、肠、肝脏、直肠和肛门。

（二）消化过程

小龙虾消化途径：口器→食道→贲门阀→贲门胃→贲门—幽门阀→幽门胃→

中肠→肝脏/胰腺→后肠。食道是狭窄垂直短管，连接口器和胃，由几丁质、上皮层、结缔组织和肌层组成。贲门阀作用防止食物倒流。胃部的发育体现在贲门胃的胃磨，幽门胃的腺滤器及贲门-幽门阀的发育上，对食物研磨过滤等物理消化。胃部的发育与小龙虾摄食习惯转变有关。胃磨形成于小龙虾离开母体自由觅食时。食物经过贲门胃磨碎后，通过贲门-幽门阀进入幽门胃。幽门胃中最重要的结构是腺滤器，由刚毛、短刺等构成。小龙虾的肝脏与胰脏占体重的2%～6%，肝脏功能是解毒和参与消化；胰脏的功能是完成分泌消化酶。中肠腺由内含食物泡的肝细胞及散布于肝细胞之间的分泌细胞这两种细胞组成。后肠分泌弱硫酸化酸性黏多糖黏液物，缠裹食物、润滑肠道。

（三）消化腺

消化腺是指小龙虾机体分泌消化液的腺体，主要是壁内腺。消化腺包括胰腺、肝脏、胃腺和肠腺，均可分泌消化液，且消化液中含有消化酶。

胃腺：胃腺是胃壁粘膜内陷形成的，可以分泌胃液（主要由盐酸和胃蛋白酶构成），能初步消化蛋白质。

胰腺（胰脏）：位于胃的后方，分泌的胰液注入肠。胰液呈碱性，含消化蛋白质、淀粉和脂肪的酶（胰淀粉酶、胰蛋白酶、胰脂肪酶）。

肝脏：肝脏是最大的消化腺，呈碱性，虽然不含消化酶，但可帮助脂肪的乳化，使脂肪变成脂肪微粒。另外，肝脏还能在蛋白质、糖类、脂肪代谢中起到重要作用，并能解毒等。

肠腺：肠腺是肠内壁的微小腺体，分泌肠液，呈碱性，含有消化淀粉、蛋白质、脂肪的酶（肠蛋白酶，肠淀粉酶，肠脂肪酶）。

消化腺细胞分泌消化液的过程是主动活动过程，包括三个主要步骤：①腺细胞从其周围的血液中摄取原料；②在腺细胞内合成分泌物并贮存起来；③当腺细胞受到适宜刺激时，则将分泌物排出。消化液的各种消化酶的分泌过程、胃液中盐酸的分泌过程均是这种主动活动过程。整个分泌过程需要消耗能量，能量主要来自腺细胞内的ATP。

消化液（digestive/juice）主要由消化酶、电解质和水组成。消化液的主要功能是：①改变消化腔内的pH，适应消化酶活性的需要；②分解复杂的食物成分为结构简单、可被吸收的小分子物质；③稀释食物，使之与血浆渗透压相等，有利于吸收；④通过分泌黏液和大量液体，保护消化道粘膜，防止物理性和化学性的损伤。

（四）消化酶

参与消化的酶的总称。一般消化酶的作用是水解，消化酶由消化腺分泌，包括

胃蛋白酶、胰蛋白酶等。缺少消化酶会导致食物的不完全分解，然后集中在盲囊，容易造成小龙虾消化不良、体弱多病、拖尾和快速老化等后果。

第二节　小龙虾各个生长阶段的营养需求

一、各类营养素特点及生理功能

(一)蛋白质及氨基酸

蛋白质是构成生命的物质基础，生命的特征就是蛋白质不断的自我更新。植物可以通过对无机物的吸收合成蛋白质，动物则要从食物中摄入必需的蛋白质。蛋白质是动物所必需的营养物质，在动物生长发育中起着至关重要的作用。水生动物因其变温性，对能量的吸收比陆生动物少，但对饲料中蛋白质的需要远高于陆生动物。

氨基酸是蛋白质的基本结构和功能单位，饲料中的蛋白质通常被小龙虾消化组织分泌的蛋白酶分解成氨基酸，然后被小龙虾吸收利用。氨基酸的种类有很多，而在饲料配方中主要考虑的氨基酸是按照一定的比例搭配的，所以饲料配方就是要使饲料中的氨基酸种类及比例恰好与小龙虾对氨基酸的需要相近。如果某种氨基酸的量不足，小龙虾就会按照数量最少的氨基酸相应比例利用，这样就会限制其他氨基酸的利用，造成饲料的浪费。小龙虾对饲料中蛋白质的需求量与生长阶段、养殖模式等有关，盐城工学院王爱民教授团队初步研究结果推荐小龙虾对饲料中蛋白质的适宜需要量：亲虾 34％～36％，稚虾 32％～34％，幼虾 30％～32％，成虾 28％～30％，精准需要量有待进一步研究。

蛋白质的来源主要有动物蛋白和植物蛋白。动物蛋白源主要是鱼粉、肉骨粉、血粉、蚕蛹粉、昆虫粉、蚯蚓粉、乳类等。植物蛋白源主要是豆类、油料饼粕类等。动物蛋白的蛋白质含量高，营养全面，特别是含有植物性饲料中缺乏的赖氨酸、蛋氨酸、色氨酸等限制性氨基酸，但资源紧缺、价格较贵。植物蛋白来源广泛，价格便宜，但蛋白质含量一般比较低，营养不全面，主要缺赖氨酸、蛋氨酸。科学的饲料配方应该有效地利用这两种蛋白质来源，做到营养全面，价格便宜。

(二)脂类

脂肪是一种高能量物质，它产生的能量是蛋白质和糖类的 2.25 倍。脂肪不能直接被小龙虾利用，而是要在消化道中经脂肪酶分解为甘油和脂肪酸后才能被利用。脂肪除作为能量来源，还能提供脂肪酸等营养素，有助于减少蛋白质消耗，节约蛋白质资源，利于小龙虾的生长发育。此外，添加脂肪时要考虑不同时期的脂肪需求，尤其是越冬时期。小龙虾肉质中脂肪含量低，蛋白高，属于低脂肪高蛋白水产品，因此，小龙虾不同生长阶段对脂肪的需求量不高，亲虾＞稚虾＞幼虾＞成虾，脂肪需求推荐量在4%～7%。

各类脂肪酸的比例及其不饱和程度在很大程度上决定了脂肪源的营养价值。已有的研究普遍认为，用富含$n-3$和$n-6$系列的不饱和脂肪酸的深海鱼油作为饲料中的脂肪源，或者是$n-3$和$n-6$系列的不饱和脂肪酸的深海鱼油与植物油的混合油作为饲料中的脂肪源，使用效果都优于不饱和脂肪酸低的动物油和单纯的植物油。近些年来，世界渔业对鱼油的需求日益增加，而自然环境的退化又使渔业资源日益减少，因此，应当寻找其他可以替代鱼油的脂肪源。

（三）糖类

糖类是小龙虾的重要能源类物质之一，广泛存在于植物饵料中，如小麦、稻谷等。糖类可以提供能量，节省蛋白质和脂肪的能量消耗，而过量添加又会对小龙虾机体免疫产生滞后效应。因此，提供能量的三大营养物质（糖类、脂类、蛋白质）中，优先考虑糖类。

（四）维生素

维生素是小龙虾为维持正常的生理功能而必需从食物中获得的一类微量有机物质，在小龙虾生长、代谢、发育过程中发挥着重要的作用，维生素还会在虾体中以辅酶的形式参加一部分新陈代谢活动。目前，对小龙虾等虾类中维生素需求的研究还比较少，远远没有达到对畜牧类动物中维生素需求的研究水平，这主要与水生环境的干扰、小龙虾的消化吸收特点以及研究历史较短有关。

维生素不属于构成机体的主要原料，需要量少，且不能自身合成，但维生素参与新陈代谢的调节，控制生长发育过程，提高机体抗病能力。小龙虾生长所需的维生素有维生素A、维生素C、维生素E、维生素B_{12}、核黄素、烟酸、胆碱、肌醇等也被推荐作为饲料添加剂使用。

小龙虾缺少某种维生素会导致代谢紊乱，机能失调，生长停顿，产生维生素缺乏症，严重时造成死亡。维生素A是小龙虾生长发育和维持正常生理功能所不可少的营养物质，它能调节体内蛋白质、脂肪和碳水化合物代谢，促进小龙虾视觉功能，并参与体色素的形成。此外，维生素C因小龙虾自身不能合成、只能从外界摄入，而被广泛用于小龙虾人工配合饲料中。

（五）矿物质

矿物质是动物必需的一种微量元素，可以调节机体的渗透压平衡，还有促进生长的功能。具体地讲，矿物质是骨骼的主要组成成分，也是其他细胞组织的构成物质；有些以离子形式存在并起着平衡体液、生理调节的功能；与蛋白质协调，维持组织细胞的渗透压；另外还是体内酶系统的主要催化剂，在生理机能中起着多方面的作用，可以促进小龙虾生长，提高营养物质的利用率。

矿物质中研究较多的有钙、磷、镁、钠、铁、锰及硒等，这些矿物质是小龙虾配合饲料需要的成分。

小龙虾所需的矿物质可以通过渗透、扩散等多种形式从水中获得，这是水生动物有别于陆生动物的一种吸收方式，但主要还是从食物中获得。在人工配合饲料中就要注意这些物质的配比，缺乏与添加过多都会导致小龙虾生长不适，应该注意添加量。

（六）益生菌

益生菌通常指有益的微生物及具活菌制剂等一类物质，即指能提高养殖产量、有助养殖生物提高抗病能力、提高或改善养殖水环境的细菌等微生物，例如光合细菌、乳酸杆菌、硝化菌、反硝化菌、双歧杆菌、枯草杆菌等细菌。

其功效为综合因素，有益细菌的主要功能有如下几方面：可以竞争性排斥病原体；通过提供重要营养成分以增强虾苗的营养条件；有益菌通过提供重要的酶来加强虾苗的消化能力；通过直接吸收溶解性的有机物，从而改善水质；有益菌的代谢产物中可能含有某些能抑制病菌生长的物质等。近年来，在商业上已开发出大量益生菌产品，也包括在水产养殖中使用的益生素产品。

（七）其他类营养素

此外，还有虾青素、中草药制剂、生物发酵饲料等其他营养添加要素对小龙虾的生长同样起到重要作用。

二、育种阶段的营养需求

小龙虾育种阶段的营养研究与小龙虾选育相关技术相结合，深入了解种虾、亲虾的消化生理、繁殖性能、营养需求、饲料配方、摄食等方面，对小龙虾良种选育十分有益。

小龙虾雌性亲虾的性腺处于快速成熟阶段，营养素经过肝脏的加工转运，支撑卵巢的成熟，形成配子及卵黄蛋白。小龙虾的雌性亲虾不同于养成期的营养需求，性腺发育需要大量的高质营养和能量。虽然甲壳动物在卵黄形成前已经有卵黄蛋白原积累，肝脏有一些能量和营养成分的积累，但这些有限的积累在性腺发育过程中很快被消耗，尤其是繁殖季节，亲体性腺发育和恢复的速度加快，雌虾需要大量补充卵巢发育需要的营养素。更为重要的是，小龙虾胚胎发育需要的营养和能量也是依靠雌虾的卵黄提供，同时，前期幼体的健康状态对后期幼体发育也会产生影响。

目前，人工培育的小龙虾亲本，其繁殖性能和精卵质量仍不如野生品种，原因主要归于对亲虾的营养需求不够深入和对其繁殖机理缺乏足够的了解等。因此，实施小龙虾人工繁殖以及小龙虾育种计划，迫切需要解决在人工养殖条件下如何满足亲虾性成熟和繁殖营养需求的问题。雌虾卵巢从卵黄开始形成到完全成熟，是一个营养快速积累和转换的过程，尤其是交配后，卵巢质量在短时间内可以成倍增长。在卵黄发生期，卵巢的体积和质量会急剧增加。

卵细胞增大主要是卵黄的积累和脂肪小体形成的结果，其中脂肪小体主要由甘油三酯组成。在卵黄发生期，储存在肝脏中的营养很快被消耗殆尽，此时，外源性营养就成为影响卵的数量和质量的主要因素。性腺发育期间，充足的营养供应是卵黄积累以及持续的胚胎发育的保证。众多研究报告指出，营养不适宜的饲料或营养素不平衡的饵料，是小龙虾繁殖性能不好或发育阻滞的主要原因。

(一)蛋白质及氨基酸

小龙虾性腺发育需要在短期内合成大量的蛋白质，因此，其所需要的饲料蛋白质含量比养成期高6%～10%。通常小龙虾亲虾蛋白质需求建议大于34%，而有利于性成熟的天然生物饵料中的蛋白质含量一般比较高。实际上，从营养角度评价，氨基酸平衡对亲虾性腺发育尤为关键。小龙虾性腺发育需要活跃的卵黄蛋白合成，神经肽激素以及大量的酶参与生化合成和分解，所有这些均需要大量的蛋白质和氨基酸参与。然而到目前为止，关于小龙虾性成熟最适宜的饲料蛋白质适宜需求量、蛋白质能量比、蛋白质脂肪比、氨基酸平衡模式等参数尚未有完整的研究资料。

(二)脂类

作为五大营养素(水、蛋白质、脂类、糖类、维生素、矿物质)之一的脂类，是生物代谢的能量来源，也是构成细胞膜的主要成分，因此其在甲壳动物性腺发育时期的正常积累不仅对卵巢发育、胚胎发育，还对早期幼体的成长也起着至关重要的作用(陈金民等，2010)。

脂类对小龙虾卵巢发育在营养上的重要性，特别是高度不饱和脂肪酸、磷脂需求的必需性，引起众多水产营养学者的关注。目前有大量的文献从各个角度探讨了脂类在小龙虾性成熟的营养价值，其中更多的是在雌虾成熟期的营养研究。因此通常认为，肝脏是解毒和参与消化的器官，尤其是促进脂类的消化，脂肪主要在肝脏中沉积。脂类吸收主要在肠道，营养物质经过肠吸收，再通过血液，进入肝脏代谢。由于小龙虾成熟期的食物消耗明显增加，成熟卵巢积累的脂量远远大于肝脏的贮藏量，卵巢脂类的积累或许来源于肠道直接吸收的食物。繁殖期间，肝脏中的中性脂肪消耗殆尽，食物中的脂类很快经肝脏加工输送到卵巢，卵巢由此也变成另一个脂类代谢中心。现有研究表明，脂类在许多甲壳动物繁殖过程中起着极其重要的作用，脂类积累对雌虾早期成熟起关键作用。

成熟期的小龙虾等甲壳类并没有一个精确、绝对的脂类需求总量。脂类需求变化主要跟动物种类、生长阶段、养殖环境，应激及饲料来源等有关。因此，学者们更注重的是如何保证满足小龙虾对特殊必需的脂肪酸，例如高度不饱和脂肪酸、磷脂和固醇的需求量。因为甲壳类自身合成高度不饱和脂肪酸、磷脂合成及固醇的能力极其有限，小龙虾的组织组成包括卵巢的发育需要的这些脂类及脂肪酸必须由饲料提供。通常亲虾繁殖期饲料中适宜的脂类总量比养成期的需要量要高3%～7%。彭迪等(2019)研究发现饲料中的脂肪水平为7.60%～7.89%情况下，小龙虾亲虾性腺指数、抱卵率、抱卵量均为最高水平。总脂量过高虽然可以代替部分蛋白质的能量消耗，但是往往影响消化吸收。因此，笔者建议对于脂类的需求，更应侧重脂质的类型和特定脂肪酸的添加水平。

早期研究已明确小龙虾成熟卵巢的脂类主要是磷脂、甘油三酯、甘油二酯和胆甾醇等成分，这些脂类与小龙虾及其卵巢成熟、胚胎发育、幼体成活密切关联。甘油三酯作为卵巢的一个组成物质，主要是为胚胎、幼体变态提供能量。在卵黄形成期，卵巢内脂类含量快速增加，可达到卵巢干质量的18%～41%，因小龙虾种类不同而不同。脂类不溶于水，因此，其多以和蛋白质结合的形式运转。甲壳类动物血淋巴中的脂类主要以脂蛋白形式存在，属于高密度脂蛋白和更高密度脂蛋白，它们分别是仅在具有卵黄的雌虾血淋巴存在的磷脂蛋白、卵黄蛋白和卵黄蛋白原。这三类高密度脂蛋白占血淋巴脂量的60%以上。

磷脂是细胞膜的重要组成成分，是维持卵膜的正常结构对不可缺少的，同时还参与一些重要生理代谢过程。磷脂是虾类卵巢中脂肪的主要组分，主要以磷脂酰胆碱(75%～80%)和磷脂酰乙醇胺(20%～50%)的形式存在。磷脂是小龙虾亲虾营养所必需的。胆固醇也是小龙虾性腺成熟必需的重要脂类，它是类固醇激素的前体，饲料中必须具有该成分。事实上，小龙虾幼虾生长发育期的饲料中必须有胆固醇，要持续添加直到小龙虾成熟和繁殖。繁殖期摄食动物性饵料如鸡肝等也主要是因为它们含有丰富的胆固醇。

陈金民等(2010)研究发现，随着卵巢发育，卵巢指数由0.12%显著增加到6.64%，而肝脏指数由7.95%降至5.31%。由此可见，在小龙虾卵巢发育过程中肝脏中脂肪有转运到卵巢的可能，在卵巢发育后期各营养物质按一定比例积累，相比于高不饱和脂肪酸，$C_{18:2n-6}$ 可能在小龙虾卵巢发育及胚胎发育过程中的作用更加重要。亲虾饲料需要添加适量磷脂，因适量磷脂能提高小龙虾亲虾的产卵量、孵化率、精子质量和幼虾数量。D'Abramo 等（1981）指出小龙虾饲料中缺乏卵磷脂引起不能彻底脱壳而产生高的死亡现象。精确量化脂类物质，使小龙虾亲虾饵料中的这些物质达到平衡，亲虾摄食后在自身体内转换也达到平衡。此外，添加一定量的鱼油能提高雌虾的抱卵量（徐加元，2008a）。

关于小龙虾亲虾繁殖和生理机能仍需进一步开展更多的实验研究，帮助并解决池塘养殖小龙虾卵子质量及亲虾人工配合饲料配制的问题。

（三）糖类

小龙虾亲虾饲料中对于糖类的要求，虽然没有蛋白质、脂肪酸那样重要，在繁殖方面的研究报道也很少，但是也并非卵巢发育所不需要，而且有些碳水化合物对于性腺发育非常重要。

（四）维生素

目前，在繁殖期亲虾的人工配合饲料中推荐添加多维预混料。已经确认亲虾需要的维生素是维生素 A、维生素 C、维生素 D、维生素 E 等。刘栋梁等（2018）研究发现维生素 E 对斑节对虾精荚质量、精子质量及数量有促进作用。此外，维生素 C 也有提高孵化率的作用，饲料内适当添加维生素 C，卵内的维生素含量会随之升高。宋光同等（2015）研究表明，饲料中添加 0.02%的维生素 E 和 0.5%的维生素 C 比不添加维生素 E 和维生素 C 的情况下，小龙虾的抱卵率要高；维生素 C、维生素 E 和高度不饱和脂肪酸具有交互作用，能提高小龙虾的繁殖性能。李铭等（2007）设置了 5 组不同维生素 E 水平的饲料，研究小龙虾的生殖情况，发现饲料中维生素 E 含量为 0.02%时，产卵雌虾的比例和产卵量最高。维生素对于卵巢成熟是必需的，饲料中缺乏维生素 A、维生素 C、维生素 E，小龙虾卵巢发育迟缓，维生素 D 也是亲虾必需的，因为该维生素和甲壳类的钙、磷代谢有密切关系。

（五）矿物质

目前小龙虾亲虾培育的配合饲料，多是参考养成期的饲料，只是适量增加了多种矿物质。产卵后，能量消耗殆尽的小龙虾亲虾，其肌肉中的钙和镁含量下降，肝脏的镁含量下降，可能是由于蜕皮、产卵消耗了这些矿物元素。此外，矿物质缺乏或者不平衡对甲壳类的繁殖起负面作用。生理应激触发卵巢的卵子萎缩，表现的症状影响卵巢恢复，减少再次繁殖能力和卵子质量，然而笔者认为，及时补充多矿、保持钙磷平衡可将雌性亲虾的生理应激降至最低，促进卵巢发育，提高育种效率。

Mo 等(2019)研究发现饲料中硒浓度为 10.02 μg/g 时产卵率显著提高，硒在卵巢中积累最多，通过干预生殖系统中 cdc2 和卵黄生成素的表达影响生殖能力。

三、育苗阶段的营养需求

小龙虾幼体阶段的营养需求相对波动较大，所以幼体营养研究尚不细致。食性的变化主要原因：一是口器对食物选择，二是机体营养需求。Ⅰ期幼体依靠体内卵黄等积累的物质提供能量，无口器。Ⅱ期幼体具有口器，依靠滤食摄食，以摄食水体微颗粒、单细胞藻类为主。Ⅲ期幼体以轮虫、细菌、藻类为主，也可摄食 80～120 网目的饲料或营养物质。Ⅳ期幼体以轮虫、丰年虫、桡足类为主，也可人工泼洒一些豆浆，以保证幼体的营养供应；幼虾Ⅰ期的虾开始第一次分级处理，可投喂丰年虫、蛋黄、豆粉等高蛋白饵料，与幼体配合饲料搭配使用；幼虾Ⅱ期的虾务必第二次分级，可投喂大豆、玉米等高蛋白饵料，与幼体配合饲料搭配使用，效果更佳。小龙虾幼体的食性转换，可以表现在幼体体内消化酶活性变化，随着幼体的转化，胃蛋白酶、胰蛋白酶活力逐渐增大，而淀粉酶活力呈下降趋势，纤维素酶和脂肪酶活力极微。此外，益生菌(如光合细菌等)在育苗阶段的推广使用，对提高幼体成活率及体质等有显著效果。

目前，小龙虾的营养需求还缺乏深入的研究，商用的小龙虾幼体专用配合饲料多数是参照其他甲壳类动物的饲料配方，然而幼体阶段要注意保持营养均衡，如果营养搭配不当，极易引起小龙虾生长发育缓慢或性早熟。因此，有必要在小龙虾幼体培育中强化其营养需求。

(一)蛋白质及氨基酸

小龙虾幼体期对饵料中的最适蛋白质含量，尚未有确切数据，粗蛋白质通常需要占 30%～34%。在一定范围内蛋白质总量并不是关键，而是饵料中氨基酸平衡及蛋白质与能量、脂肪的平衡。小龙虾幼体阶段需要的限制性氨基酸缺少相关研究资料，可以用幼虾营养需求的氨基酸组成参数作参考。对氨基酸总量要求较多，约占蛋白质总量的 49.8%。

由于饲料的基本营养素可以能量互补，因此，小龙虾幼体对饲料中蛋白质含量要求，并未有确切数据。饲料蛋白源最重要的质量指标是饲料利用率。蛋白质的营养价值取决于自身的氨基酸水平，特别是限制性氨基酸的组成与含量，如蛋氨酸、精氨酸、苏氨酸等。由于小龙虾不能有效地利用饲料中添加的游离氨基酸，通常营养学家认为，饵料中蛋白质的氨基酸组成及含量与小龙虾需求一致或相似，便可视为好的饲料或饲料原料。

在幼体发育过程中，单个限制性氨基酸与限制性氨基酸总量的比例在不同发育期基本保持恒定，表明不同的氨基酸之间存在着一种相对稳定的比例关系，这种比例不因个体发育和氨基酸总量的增加而受影响。小龙虾幼体摄食常规的人工培养的生物饵料如单胞藻、轮虫、丰年虫等，其氨基酸水平与小龙虾幼体所需氨基酸水平相仿，尤其是限制性氨基酸成分较齐全、消化率高。

(二)脂类

虾类能借助脂肪酸合成合成棕榈酸(C16：0)，但缺乏合成长链高度不饱和脂肪酸的能力，因此，必须从食物中获取高度不饱和脂肪酸。脂肪的营养要求实质上是必需脂肪酸以及脂溶性营养素的需求量。

小龙虾幼体不具有合成高度不饱和脂肪酸的能力，需要不断地从食物中摄取。Ⅱ期幼体开始从外界摄取食物，食物的脂肪酸组成对小龙虾体的脂肪酸组成产生明显的影响。不同地区小龙虾的脂肪酸组成不尽相同，但对高不饱和脂酸的需求却是一致的。诸多饵料如豆浆、微藻、轮虫、丰年虫等，对提高幼体的成活率和增长率都具有良好的效果。

对小龙虾幼体脂类营养的研究表明，磷脂和固醇类也是幼体发育不可缺少的。磷脂可增强小龙虾幼体吸收胆固醇和甘油三酯的效率。在微粒饲料中添加些磷脂(如大豆卵磷脂等)可有效改善小龙虾幼体的生长和存活。

胆固醇对于小龙虾幼体有很高的营养价值。王爱民教授团队研究了小龙虾对饲料中胆固醇的需要量，建议在0.53%。虽然其他固醇类也可起到一定作用，但是实际使用效果仍然以胆固醇效果最好。

(三)维生素

脂溶性维生素、水溶性维生素、类胡萝卜素等均是小龙虾幼体需要的微量营养素。通常情况下，小龙虾可以从饵料及水体中摄取部分维生素。而从饵料中获得天然的维生素及其他微量的营养素，无需再投喂添加。但是，小龙虾幼体需要的维生素A、维生素C、维生素E等营养物质必须从配合饲料中摄入。

(四)虾青素

虾青素可显著提高小龙虾幼体的成活率，天然虾青素为最佳，其次是人工合成的。研究表明小龙虾幼体摄食富含虾青素的雨生血球藻后，其环境耐受力明显提高。

(五)益生素

小龙虾培苗生产过程中，经常会用到光合细菌、芽孢杆菌、EM菌等，效果极佳。有学者发现，益生菌可产生许多具有消化功能的酶，如脂肪酶、淀粉酶、蛋白酶和卵磷脂酶等，有助于小龙虾幼体消化藻类、蛋黄和轮虫等成分，提高小龙虾幼体的消化能力，从而增强机体的抗病能力。小龙虾幼体发育期间，保持恒定的益生菌

平衡，会取得更好的生产效果。

四、养成阶段的营养需求

在小龙虾养成阶段，满足小龙虾的营养需求是健康养殖的关键。使用优质配合饲料，以及培养和利用好池内天然繁殖的生物饵料，如水草、枝角类、桡足类及丰年虫等。有些人认为小龙虾只放足够的水草即可，饲料对于杂食性小龙虾来说，重要性不大，但是笔者认为，小龙虾要想进行长期持续健康养殖，优质的配合饲料是必不可少且起主要作用的，营养均衡全面方可使得小龙虾快速生长和发育。柴继芳等(2010)认为大力推广配合饲料养殖小龙虾，可有效地利用农村土地资源和人力资源，增加小龙虾产量，改善农民增收途径，提高其经济收入。

评价配合饲料质量标准：营养均衡、卫生、环保、养殖效果等，但是决定小龙虾生长速度的营养素水平，目前仍需进一步研究。不过对养殖户来说，需要定期记录小龙虾的生长指标及健康程度，如成活率、单位时间增长率、蜕皮周期、蜕皮增长率等。

此外，虽然研究人员对小龙虾的营养要求进行了诸多研究，但对于非常确切的营养物质需求及其相互作用，依然存在很多差异，这主要是由于实验小龙虾种群来源、生理状态、饲养环境条件、饲料质量、基础饵料水平等差异因素造成的。不过，根据近几年小龙虾蛋白质、脂质、维生素、微量元素等营养素需求及饲料开发研究及生产实践，仍可提出配合饵料中主要营养素的需求量及其配料组成，以降低饲料成本，提高经济效益。因此，必须对小龙虾的营养需求、饲料配制等方面具有全面深入的了解，为研究高效环保饲料开发及其产业化提供重要的科学依据。

(一)蛋白质及氨基酸

在小龙虾养成阶段，过高的蛋白质含量不仅是浪费，还有可能引发疾病。一般情况下，养成期的小龙虾对蛋白质的需求会随着规格的增大而适当调低。蛋白质缺乏会降低小龙虾的生长速度、存活率和免疫力，蛋白质含量过高则会引起一些营养过剩的疾病，并造成养殖水体的氨氮超标，因此研究最适蛋白需求量对小龙虾饲料生产有着至关重要的作用。

小龙虾对饲料蛋白质最适需求，不同研究由于实验条件，不同的实验时间及小龙虾材料，其结果之间相差很大，且小龙虾属杂食性虾类，单纯的配合饲料蛋白含量的要求相对小龙虾类会偏低。苏时萍等(2009)发现体重为 5.46 g 左右幼虾，小龙虾饲料中最适蛋白水平为 40%。于宁(2011)用初始体重为(8.41±1.12) g 的小龙虾，研究表明饲料的最适蛋白含量在 33%～36% 之间。李强(2012)以初始体重 6.5 g 左右的幼虾研究发现饲料中的最适蛋白含量为 33.95%时，小龙虾的增重率、特定生长率以及消化酶的活性最高。

张家宏等(2012)在不同蛋白和脂肪含量的正交实验中发现，当饲料中蛋白含量为24%时，小龙虾幼虾(1.5 g左右)的限制性氨基酸和总氨基酸含量最高，建议饲料中的蛋白水平在24%～28%为宜。何吉祥等(2009)用初始体重为2.39 g左右的野生小龙虾试验发现，在26%～32%蛋白水平范围内，随着蛋白水平的提高，胰蛋白酶、胃蛋白酶活性显著提高，饲料中最适蛋白含量为31.86%，最适能蛋比为35.85 kJ/g。于宁等(2014)用5种不同能蛋比的饲料投喂初始体重为(8.41±1.12) g的小龙虾60天，结果表明小龙虾饲料中最适能蛋比为34～36 kJ/g。王桂芹等(2011)设置9组不同蛋白含量的饲料研究蛋白和能量水平对小龙虾幼虾(12.49±1.52) g生长和蛋白代谢的影响，结果发现，随着饲料蛋白水平的升高，特定生长率、肠蛋白酶、胰蛋白酶活性显著升高，小龙虾养成期最适蛋能比为16.63～17.59 g/MJ。

朱杰(2014)用蛋氨酸含量分别为0.39%、0.53%、0.71%、0.86%、0.98%和1.13%的饲料饲喂小龙虾幼虾[(9.80±0.15)g]发现，当饲料中蛋氨酸水平达到0.86%时，小龙虾增重率、特定生长率、存活率达到最高，全虾粗蛋白含量也最高，但是蛋氨酸对水分、脂肪、灰分无显著影响，以增重率为评价标准认为小龙虾最适蛋氨酸含量为0.94%。张微微等(2013)以小龙虾幼虾[(7.60 ± 0.01)g]为研究对象，设置了7种不同水平的赖氨酸饲料，研究赖氨酸对小龙虾的影响，实验发现当赖氨酸含量为1.69%、1.22%时，小龙虾增重率、特定生长率、存活率达到最高，饲料中最适赖氨酸含量为1.69%。

程东海等(2012)以昆虫粉作为主要饲料蛋白，研究蛋白源对小龙虾幼虾[(6.9 ±1.5)g]生长、脱壳的影响，指出小龙虾的蛋白需求量仅为25%，同时该实验指出昆虫粉替代部分鱼粉会降低小龙虾的存活率和脱壳率。Paul L. Jones等(1996)在澳洲小龙虾(*Cherax destructor*)幼虾不同蛋白源(猪肉、大豆、浮游动物、蜗牛、鱼肉)的研究中发现，不同蛋白源对澳洲小龙虾的增长率、增重率没有显著影响，但是在甲壳色上有显著的差异，以浮游动物为主要蛋白源的饲料组甲壳色更深。Wan等(2017)以豆粕、添加植酸酶豆粕、膨化豆粕、发酵豆粕为不同蛋白源，研究其对小龙虾幼虾[(5.56 ± 0.05) g]生长性能、氮磷排放的影响，结果显示添加了植酸酶的豆粕能够提高小龙虾的增重率和特定生长率，并且降低氮磷的排放。Tan等(2018)在研究豆粕和菜籽粕对小龙虾幼虾影响的实验中发现，饲料中替代338 g/kg的植物蛋白可以提高小龙虾幼虾生长性能，并且补充氨基酸。肖绪诚等(2010)发现(10.70±0.15) g的小龙虾对饲料中蛋白的适宜含量约为38.7%。

(二)脂类

小龙虾体内脂质水平很低,对饲料中脂质的需求也很低,饲料中的脂肪水平过高会影响小龙虾生长并且降低存活率。饲料中添加适宜的脂肪含量能提高小龙虾血清脂蛋白酶的活性(何亚丁等,2013)。孟晶等(2016)研究发现,脂肪能促进小龙虾的生长,随着饲料中脂肪含量的增加,小龙虾肌肉内蛋白质水平降低,脂肪水平提高,小龙虾饲料中适宜的脂肪水平应在7.89%~9.91%。张家宏等(2012)的蛋白和脂肪的正交实验发现,由于虾蟹类的脂肪酶活力很低,过高的脂肪水平会降低小龙虾的增重率和存活率,饲料中适宜的脂肪水平在6%左右。宋光同等(2015)在实验中发现,高度不饱和脂肪酸会降低小龙虾的存活率和相对抱卵率。徐维娜等(2011)实验发现小龙虾饲料中脂质需求量在4%~7%为宜。何亚丁等(2013)以体重为(8.15 ± 0.03)g的小龙虾为研究对象,发现其对脂肪的需求量在7% 左右,饲料中脂肪与糖类的适宜比例为1.00∶3.85。

(三)糖类

一般认为,小龙虾饲料中糖类的含量为30%~40%。洪徐鹏等(2013)的实验结果表明,在饲料中添加黄芪多糖能够提高小龙虾的存活率、脱壳率以及非特异性免疫力,建议在饲料中添加0.4%~0.8% 的黄芪多糖。樊冰心(2013)的实验结果表明,低分子壳聚糖能够提高小龙虾的消化酶活性、免疫力以及抗氧化能力,降低小龙虾体内脂肪和胆固醇的含量,增加蛋白质的含量,饲料中的适宜添加量为0.5%。任秀芳(2013)的实验也发现,壳聚糖能够提高小龙虾的生长性能、非特异性免疫力以及消化酶活性,饲料中的建议添加量为0.5%~1.5%。

Cheng(2019)研究红景天多糖(RRP)对小龙虾的生长性能和非特异性免疫的影响。RRP是通过热水萃取制备的,部分通过高效液相色谱和糖成分分析来表征。喂养8周后,体重增加,喂养效率、存活率、酚氧化酶活性、超氧化物歧化酶活性、谷胱甘肽过氧化物酶水平、总血细胞数和透明细胞、半颗粒细胞和粒状细胞的数量以及对嗜水气单胞菌的抵抗力均高于对照组。此外,根据RRP对小龙虾生长性能和非特异性免疫的效率,发现RRP的最佳剂量为0.6 g/kg。因此,摄入含有RRP的饮食可以增强生长性能,免疫反应并改善小龙虾对嗜水链球菌感染的抵抗力。

(四)维生素

维生素虽然需求少,但来源广泛,各种食物中部有,特别是鲜活食物中维生素的含量极为丰富。在自然条件下一般不会缺乏,但在配合饲料中,由于选择的原材料不同,很容易造成某种维生素的缺乏,这是在配合饲料配方中必须注意的。邵光明等(2017)的实验结果表明,饲料中维生素A、维生素C、维生素E的添加量为

0.006%、0.02%和0.04%时最有利于小龙虾存活、生长，以及提高免疫力。

（五）矿物质

在自然状态或者粗养状态下，小龙虾可以利用身体的褪壳，在水体中少量的吸收部分矿物质和微量元素，满足身体代谢的需要。在高密度精养条件下，小龙虾在水体中的吸收量远远达不到其所需要量。

在李强（2012）的实验中，饲料中总磷含量达到1.82%时，小龙虾的增重率和特定生长率最高，随着饲料中总磷含量的升高，小龙虾粗脂肪含量降低，饲料中最适含磷量为1.80%～2.02%。杨文平等（2012）的实验指出，饲料中的钙磷水平对小龙虾的增重率和表观消化率无影响，但是饲料中高水平的钙、磷会造成水污染，所以饲料中最适钙水平为1.5%，最适磷水平为1.0%。

Zhang等（2016）在饲料中添加一种鱼类蛋白水解物Fe^{2+}复合物（pH－Fe^{2+}）发现，在饲料中添加400～1 000 mg/kg的pH－Fe^{2+}，小龙虾存活率、特定生长率有显著提高，添加800～1 000 mg/kg的pH－Fe^{2+}，小龙虾血清中超氧化物歧化酶、酚氧化酶、溶菌酶和酸性磷酸酶活性显著提升。

（六）中草药制剂

唐宁等（2009）的实验结果表明，饲料中添加复方中草药（玄参、忍冬、石斛、牛膝、薏苡仁、黄芪、板蓝根）能够明显缩短小龙虾的脱壳周期、提高脱壳率和存活率。丁建英等（2012）的实验发现，在饲料中添加复方中草药（金银花、黄芪等）能够提高小龙虾的非特异性免疫力，饲料中适宜的复方中草药添加量在1%左右。郝忱等（2014）实验发现，在饲料中添加0.3%的大黄、0.3%的淫羊藿、0.2%的黄芪、0.2%的板蓝根能有效提高小龙虾的存活率、免疫力以及抗白斑病综合征病毒的能力。许巧情等（2011）研究发现，饲料中添加陈皮、甘草、淫羊藿的提取物能够有效抑制大肠杆菌、嗜水气单胞菌、金黄色葡萄球菌、溶壁微球菌，提高小龙虾的免疫力。

（七）生物发酵饲料

王天神（2012）以4～8 g的小龙虾为研究对象，发现适量的生物发酵浓缩料可提高小龙虾的生长性能，生物发酵饲料中的益生菌能够优化肠道中的微生物菌群，提高消化酶活性，从而使饵料的利用率得到了提高，并促进了机体营养物质的沉积。此外，生物发酵饲料能提高小龙虾的非特异性免疫和抗病能力，而生长性能、消化酶及免疫酶指标的测定结果表明，生物发酵饲料的适宜添加量为25%～35%。

第三节 小龙虾配合饲料原料

小龙虾配合饲料原料是指在小龙虾专用配合饲料的加工中，以动物、植物、微生物或矿物质等为多营养来源的，可供小龙虾摄食，并为其提供营养，促进机体生长发育的无毒害物质。小龙虾有饥不择食的习性，但是并非任何食物或饵料原料都适合小龙虾摄食，通常是水生动物饵料要比陆生动物饵料效果好，尤其是水生无脊椎动物（如甲壳类、贝类等），从生理上分析，可能是这些生物的氨基酸组成、脂肪酸组成适合于小龙虾的消化、吸收。

根据小龙虾对多种饵料源消化率的观察以及养殖实验观察，蛋白质源的原料以大豆粕、花生粕、鱼粉、面粉、麦麸、干的贝类等为好，脂肪源的原料以鱼油、大豆、花生等为好，糖类的原料以谷物淀粉为好。值得注意的是，在选择饲料原料时应该因地制宜、就地取材、综合开发利用。本节主要从蛋白质饲料、能量饲料、饲料添加剂 3 个方面来探讨小龙虾的饲料原料。

一、蛋白质饲料

蛋白质饲料指的是饲料干物质中粗纤维含量＜18%，同时粗蛋白含量≥20%的饲料，如鱼粉等，而小龙虾可用的蛋白质饲料主要包括动物性蛋白饲料和植物性蛋白质饲料。

（一）动物性蛋白质饲料

动物性蛋白质饲料类主要是指水产品、畜禽产品的加工副产品等，主要营养特点是：蛋白质含量高、氨基酸成分较为全面、含有促生长蛋白因子、钙磷含量高、富含微量元素、可利用能量高等，如鱼粉、虾粉、虾壳粉、鱿鱼内脏粉、肉骨粉、血粉及其他动物性蛋白原料。

（二）植物性蛋白质饲料

植物性蛋白质饲料主要包括各种油料籽提取油脂后的饼粕以及某些谷实的加工副产品等，主要营养特点：蛋白质含量高、蛋白质质量好、粗脂肪含量波动大、粗纤维含量不高、钙少磷多、B 族维生素丰富等，如大豆、棉籽饼粕、菜籽饼粕、花生饼粕及其他植物性蛋白原料。

二、能量饲料

能量饲料指的是饲料干物质中粗纤维含量＜18%，同时粗蛋白含量＜20%的饲料，如谷食类（玉米、小麦、稻谷、高粱等）、糠麸类（小麦麸、米糠等）、块茎块根（甘薯、马铃薯、木薯等）等。小龙虾对糖类的利用率较低，能量饲料用量较少，其含量占配方的 10%～45%。

三、饲料添加剂

饲料添加剂指为保证或改善饲料品质，利于营养物质消化吸收，促进小龙虾生长繁殖，保障小龙虾健康而加入饲料中的少量或微量物质，如胆汁酸、酸化剂、甲酸钙、微量元素（铜、铁、锌等）、维生素、氨基酸、中草药（大蒜素等）等。

为了提高小龙虾的生长速度、抗病能力，人们往往在饲料中添加维生素、中草药等物质。优质的饲料添加剂可以提高饲料的利用率，并增强小龙虾的免疫功能。例如，饲料中添加葡聚糖、肽聚糖等多糖类物质，能明显改善小龙虾的免疫功能，促进小龙虾健康生长；益生菌作为饲料添加剂，不仅可以替代抗生素抑制病原体、预防疾病，而且可促进小龙虾生长，避免药物残留；配合饲料中添加乳酸菌、芽孢杆菌、光合细菌，可以改善小龙虾肠道菌群等。

第四节　人工配合饲料及配方设计

目前，国内外配合饲料研究不多，只有极少数的饲料生产企业出售小龙虾配合饲料。配合饲料是将多种原料合理搭配，保证各营养成分的个体平衡，基本满足小龙虾的生理和生长需要，其优点是使用方便、便于贮藏、污染少、易控病原、可搭配目标性营养强化剂等。人工配合饲料的质量不但要求保证关键的营养素，例如维生素、虾青素、高度不饱和脂肪酸、磷脂、矿物质等有足够的数量，更重要的是各营养素要相互平衡。

一、人工配合饲料

所谓人工配合饲料就是将动、植物性饲料按照小龙虾的营养需求确定配方，并依此把它们混合加工而成的饲料，其中还要根据小龙虾的需要适当添加一些矿物质、维生素等，还需要根据小龙虾的不同发育阶段及个体大小制成大小适口的颗粒。配合饲料按营养成分和用途分类：全价配合饲料、浓缩饲料、精料混合料、添加剂预混料、超级浓缩料、混合饲料、人工乳或代乳料。配合饲料按饲料形状分类：粉料、颗粒料、破碎料、膨化饲料、扁状饲料、液体饲料、漂浮饲料、块状饲料。优质的人工配合饲料具有如下特性：水体稳定性强，高诱食性，适口性好，可代替部分动物性饵料，便于贮存与使用；生产中，小龙虾蜕壳正常、自残率低、生长快、饵料系数低等，可以根据具体的养殖情况获得最佳效果。

人工配合饲料须包含有小龙虾生长发育所必需的营养素，包括维生素、矿物质、卵磷脂、胆固醇、虾青素、必需脂肪酸、高度不饱和脂肪酸等。生产人工配合饲料对原料质量要求比较高，原则上应以水生动物为主要原材料，例如小杂鱼等。在饲料加工工艺中，考虑到小龙虾的摄食方式，配合饲料要有一定的黏性，可制成条状或片状，方便小龙虾摄食。

二、饲料配方设计

饲料配方是指配合饲料中各种原料的相对比例或绝对含量，饲料配方设计根据小龙虾的营养需求和饲料原料的营养成分，应用一定的计算方法，将各原料按一定比例配合，制定出能够满足小龙虾营养需要的饲料配方的一种运算过程。

好的饲料配方首先应满足小龙虾的营养需要，同时还要尽可能地降低饲料成本，并且便于加工。因此，设计饲料配方时，需要掌握小龙虾的营养需要、原料的成分和特性，以便处理好各种营养素之间的互补和拮抗关系，最大限度地发挥营养效果，同时考虑饲料加工流程和工艺等方面因素，如原料混合的难易程度、制粒的难易程度等。

配合饲料的种类较多，形式较多，方法较多。饲料配方的设计原则：科学性、经济性、实用性和卫生安全性。配方设计应考虑饲料原料的来源、价格、种类、特性；动植物蛋白质比；能量饲料占比；抗营养因子含量；质量安全等几个因素。

配方的好坏最终以养殖产量来衡量，而增产效果的高低、总效益的大小受多种因素的影响，如饲料的适口性、饵料系数、饲料消化率、不同饲料原料与各种营养素之间的相互影响、不同原料配比产生的效果等。

配合饲料设计前需了解并掌握小龙虾的营养指标、基础原料的营养素含量及预混料在配合饲料中的占比等方面的信息。配合饲料设计的方法包括手工设计和电脑设计两种（林黑着等，2018），手工设计特点是手工计算量大、效率低，而电脑设计特点是方便快捷、需要相应的设备和配方软件，具体配方设计软件，可在网上购买。

三、配合饲料的加工工艺

从事小龙虾配合饲料的研究与生产，必须充分考虑饲料原料的粉碎力度、饲料的耐水性、饲料的形态等，合理选择加工设备和工艺流程，设计并生产合乎要求的饲料。小龙虾配合饲料的加工一般要经过原料的接收和清理、粉碎、配料、混合、调质、制粒、烘干、冷却、过筛称量和包装。

(一)接收和清理

原料入库前要对原料来源、产地、数量、生产日期等项目进行详细记录，进行感官或显微初检，并取样进行营养分析、可消化性和有毒有害成分检验，尤其检测原料中是否混入其他杂质，进行全面清理，避免损坏设备或生产事故的发生。

(二)原料粉碎

将大颗粒或成块状的原料粉碎成微小粒度的粉状料，使得全部备用原料均可通过 60 或 80 网目筛网。

(三)配料

按照配方要求，对不同原料进行计量，要求操作人员精准、仔细。

(四)混合

将配料好的各种物料进行搅拌、混合均匀，多维、多矿可制成预混料。预混时应先添加量级大的成分，再添加量级小的成分，保证多次过筛、充分混合。

(五)调质

对某些原料(如淀粉、豆粕等)进行湿热处理，使其软化，以提高制粒效率，改善饲料的适口性。

(六)压条

先检查、调整压条机的出条口径，然后将混合后的原料慢慢倒入压条机，制成面条状。

(七)制粒

将压条放入制粒机，通过离心作用制成颗粒状，期间可加入少量水分。

(八)烘干

将刚刚制成的饲料颗粒进行烘干作业，去除过多的水分，可采用烘干机(40～60℃)干燥物料。

(九)冷却

烘干后的物料易变形、破碎，需要冷却和除湿处理，可借用冷却器、抽风机、风扇等设备，也可放入冷却室、空调室等，一般需冷却 3～5 天。

(十)过筛称量和包装

经过冷却后的颗粒饲料需经筛去除碎渣和粉末等，然后进行称量、装袋和封袋。

四、配合饲料的安全性

依照行业标准，规范渔用饲料。根据农业农村局《无公害食品　渔用配合饲料安全限量》(NY 5072—2002)标准的要求，加工小龙虾用饲料所用原料应符合各类原料标准的规定，不得使用受潮发霉、腐败变质、或受到污染的原料，如皮革粉应经过脱铬、脱毒处理，大豆原料应经过破坏抗营养因子的热处理等。

饲料中的有害物质容许量及卫生指标，按照渔用饲料中有害物质及微生物的允许量：铅≤5.0 mg/kg，汞≤0.5 mg/kg，无机砷≤3 mg/kg，镉(虾类饲料)≤3mg/kg，铬≤3 mg/kg，氟≤350 mg/kg，游离棉酚(虾类饲料)≤300 mg/kg，氰化物≤50 mg/kg，多氯联苯≤0.3 mg/kg，异硫氰酸酯≤500 mg/kg，噁唑烷硫酮≤500 mg/kg，油脂酸价：渔用育苗配合饲料≤2 mg/g、渔用养成饲料≤6 mg/kg，黄曲霉毒素≤0.01 mg/kg，六六六≤0.3 mg/g，滴滴涕≤0.2 mg/kg，沙门氏菌不得检出，霉菌每克样品中含有的细菌群落总数≤3×10^4 CFU/g 等。

不得过量添加微量元素和不按规定使用饲料药物添加剂。防止饲料在加工、生产、运输、储存过程中化学物质对饲料的污染；防止饲料霉变而降低饲料的营养价值和导致霉菌的代谢产物；防止病原微生物如病毒等微生物污染；提高生产和使用优质饲料的意识，杜绝生产和使用营养不均衡、配比不合理、利用效率低的饲料，减轻养殖水环境污染。

根据中华人民共和国《水产配合饲料环境安全性评价规程》(GB/T 23390—2009)的国家标准要求，待评水产配合饲料质量符合 GB 13078、NY 5072、SC/T 1077 规定。配合饲料投喂中，水温处于小龙虾的适温范围；溶解氧不低于 5 mg/L；氨氮浓度小于 0.5 mg/L；pH 处于小龙虾的适宜生长范围；养殖水体各项指标，如悬浮物质、化学需氧量、生化需氧量、总氮、总磷、非离子氨和溶解氧等符合水质检测标准。

第五节　小龙虾饵料投喂技术

小龙虾生长需要物质和能量，能量主要来源于摄食的饵料，但是饵料又是水环境最重要的污染源。因此，科学地饵料投喂就成为养殖健康管理中的重要内容。小龙虾对摄食的饵料有自身的最大增长量，投饵量低于最大摄食量时，其增长量会随着饵料量的增加而增加；投饵量超过摄食量时，会污染水质。在小龙虾的摄食量范围内投饵，通常投喂量在摄食量50%以内，小龙虾的生长和投喂量密切相关，但是投喂量超过摄食量的50%以上时，小龙虾的生长除了与投喂量有关外，还与环境有很大关系。因此，若发现小龙虾生长缓慢，应先考虑水环境因素，再考虑增加投饵量。

优良的饲料及饲喂技术是小龙虾成熟培育的关键操作内容，不同生长阶段的小龙虾采用不同的投喂方式。育种阶段应选用60%～70%的动物性饵料和30%～40%的人工配合饲料；育苗阶段应选用70%～80%的生物饵料和20%～30%的人工配合饲料；养成阶段应选用10%～20%的动物性饵料和80%～90%的人工配合饲料。当然，具体投喂量还是要根据小龙虾摄食情况进行调整。

一般情况下，小龙虾日投喂次数可2～3次，随着小龙虾增长，投饲料量加大，可以增加投喂次数，上午投喂日投饵量的20%～30%，下午投喂日投饵量的70%～80%。养殖初期，小龙虾投饵应力求均匀，以利于小龙虾摄食。

每一种饲料生产厂家均有小龙虾投喂量，可供参考。影响投喂量的因素有很多，最重要的是池内小龙虾的数量，可以夜晚巡塘及前一次的摄食量来估计小龙虾的现存量。一般较好的配合饲料，可以按1.5～1.8的饲料系数设计养成期的饲料总需求量。如果使用优质饲料，加上池内基础天然饵料利用较好，饲料系数可降至1.2～1.3。此外，使用配合饲料需注意其生产日期，配合饲料从出厂至投喂，存储时间不应超过3个月。

一般根据下列因素确定投喂量。首先应准确估测池中小龙虾的尾数，除前述的估测方法外，尚可根据经验推算成活率。根据估测的小龙虾尾数及平均体重、体长，参考小龙虾投饲量表，计算出理论投饲数量，再根据小龙虾前一天摄食情况、天气伏况，估计使用量。饲料投喂后，如果很快被吃光，就应增加投饲量；如果下次投料前，池内仍有较多余料，就应减少或暂停投料。

当水温低于10℃或者超过35℃以上，溶解氧低于3 mg/L，氨氮含量超过1.0 mg/L时，小龙虾摄食大幅度下降，一般均达不到正常摄食量的50%，应相应减少投饲量直到停止投喂。

小龙虾投饲量的估计，可以使用饲料盘。饲料盘可用细筛网制作，以饲料不失为准。每个面积约0.5 m^2，方形或圆形，周边有高5 cm的框边，通常是1～3个/池，池塘过大可适当增加饲料盘的数量，饲料盘放置的饲料量应小龙虾大小而变化。根据小龙虾对饲料盘中饲料的摄食情况，估计全池投饲量是否合适。通常是投料后1.0～1.5小时检查吃食情况，基本吃完表示投喂量合适，有剩余表示投喂过多，全部吃光则表示饲料投喂不足。

第六节　营养与饲料的未来研究方向

目前我国小龙虾养殖产业的发展迅猛，但是相关营养饲料研究还不够系统、深入(史振鹏等，2019)。笔者就小龙虾营养需求研究及其未来重点发展方向提几点拙见：

①加强与完善小龙虾营养需求研究，建立其配合饲料行业标准。继续深入小龙虾营养需求的研究，具体包括小龙虾各个生命周期的五大营养素，加上小龙虾的蜕壳期、交配期、抱卵期、孵化期等特殊时期的营养研究，建立较为完备的营养需求标准，为小龙虾健康养殖及其饲料行业发展提供科学依据。

②开展不同养殖模式下营养需求，开发其专用配合饲料。结合国内现有养殖模式，如稻虾共作、池塘精养、虾蟹混养等，开展特殊模式下的小龙虾特有营养需求，因地制宜，结合当地养殖区的天然营养，计算营养补给量，减少资源浪费。

③配合饲料的开发与应用。配合饲料是小龙虾产业健康发展的重要物质基础和保障，今后应在完善小龙虾营养需求研究的基础上，建立小龙虾配合饲料标准，为企业开发、生产、推广小龙虾配合饲料提供科学依据。

④开发新的小龙虾饲料添加剂。饲料添加剂可以补充微量元素，弥补天然饵料的不足，对小龙虾特殊时期的健康生长大有裨益，市场潜力巨大。

⑤未来微生物技术应用。目前微生物在小龙虾饲料中还未得到广泛认可，微生物的价值未完全开发利用。笔者曾试验发现在小龙虾养殖方面，益生菌可以替代抗生素，改善肠道菌群多样性、提高特定生长率、降低累计死亡率，所以微生物技术在营养饲料方面大有前途。

第七章　池塘土壤对小龙虾的影响

土壤是指地球陆地表面的一层疏松的物质，由各种颗粒状矿物质、有机物质、水分、空气、微生物等组成，能生长植物。土壤由岩石经过上亿年风化而成的矿物质、动植物，微生物残体腐解产生的有机质、土壤生物（固相物质）以及水分（液相物质）、空气（气相物质），氧化的腐殖质等组成。

固体物质包括土壤矿物质、有机质和微生物通过光照抑菌灭菌后得到的养料等，液体物质主要指土壤水分，气体是存在于土壤孔隙中的空气，土壤中这三类物质构成了一个矛盾的统一体。它们互相联系，互相制约，为生物提供必需的生活条件，是土壤肥力的物质基础。土壤是活着的生命奇迹，是拥有庞大生命体的奇妙国度，很难想象仅仅在一小勺土壤中却生活着 75 000 种细菌和 35 000 种真菌，活着的生物体总数竟然比整个地球的人口总数还要多。

小龙虾养殖过程大多采用土塘养殖，养殖池塘由于高投饵、死亡的生物体、虾的排泄物、残剩饵料及禽畜粪便等有机肥料的不断投放积累，加上雨水季节冲刷泥沙沉积，使池塘逐渐形成一定厚度的底泥。

虾池中保留一定厚度的底泥是必要的，它能起到供肥、保肥和调节、缓冲池塘水质肥度的作用。底泥中含有大量有机物质，其成份很复杂，大致可分成非腐殖物质和腐殖物质两类。非腐殖物质主要是碳水化合物和含氮化合物，及部分矿物质泥沙。腐殖质是有机物在微生物的作用下发生分解转化成简单的化合物，主要是胡敏酸和富里酸。

底泥中存在大量的细菌，在底泥表层一般是好氧型细菌占优势，在底泥中由于氧气缺乏，则以厌氧型细菌占优势。在水体和底泥中进行的一系列氧化还原过程，底泥中以还原过程占绝对优势，水和底泥邻接处以氧化过程为主。底泥表面以下数公分，是适宜厌氧型细菌生长繁殖的场所，氧化还原过程大大降低，且愈往深处，氧化还原过程愈低。

第一节　不同土质对小龙虾养殖的影响

小龙虾是底栖动物，对底质要求比较高，小龙虾养殖成功与否，池塘建址的土壤质地起很大作用。

一、土质特性

根据土壤质地划分，可将其分为壤土、黏土、砂土等。

（一）壤土

优点：黏性比例适中，质地疏松，通气透水，保水保肥力强，筑成池埂后不易坍塌。水中的营养盐类不易渗漏损失，有利于饲料生物的繁殖。

缺点：可塑性弱，有机质矿质化较慢。

（二）黏土

优点：硬度大、黏着性、可塑性强、保水保肥力极强、潜在肥力较高；

缺点：土壤紧实、施肥见效慢、通透性差、易污染。

（三）砂土

优点：昼夜温差大、通透性好、有机质矿质化快；

缺点：土质松散、保水保肥能力差、肥水困难、易渗水崩塌、池水易清瘦，不利于饵料生物繁殖，也不利于小龙虾掘洞，不宜建池。

二、土质与掘洞习性

小龙虾打洞主要目的在于避暑、繁育、躲避敌害和越冬等。小龙虾打洞目的四季不同，具体如下：春季水温回升，小龙虾摄食量加大，主要为生长发育和躲避敌害而打洞，其洞深一般为 50～70 cm；夏季水温过高，小龙虾为避暑而打洞，其洞深一般为 30～50 cm；秋季水温适中，小龙虾处于繁殖季节，主要为繁殖后代而打洞，其洞深一般为 40～60 cm；冬季水温较低，小龙虾为安全越冬而打洞，其洞深一般为 80～100 cm。

此外，洞穴一般分为简单洞穴（一条隧道，比例占 70%～80%）和复杂洞穴（两条或两条以上隧道，比例占 20%～30%）。繁殖季节每个洞穴一般有 1～2 尾虾，而冬季每个洞穴中会有 3～5 尾虾。

不同的土壤质地，对小龙虾的洞穴有不同的影响。壤土坚而不易漏水，能使池底保持一定的通透性，适合打洞。黏土池塘容易板结，洞穴通透性较差。砂土更易打洞，但极易坍塌，一旦洞穴坍塌，小龙虾会及时进行修补，但是如果反复坍塌反复修补，就会大量消耗小龙虾的体力，影响小龙虾的生长、交配、产卵、孵化、繁殖、越冬存活。所以，就小龙虾打洞习性而言：用来建造虾池的土壤以壤土为好，黏土居中，砂土最差。

在人工养殖条件下，小龙虾掘洞行为也受环境因素的影响，底质条件对小龙虾掘洞的影响较为明显，在壤土、底质有机质缺乏的砂质土，掘洞较多，而硬质土掘洞较少。在水质较肥、底泥较多、有机质丰富的条件下，小龙虾洞穴明显减少。

三、土质与水质

虾池的建设对土质要有一定要求，不同的土质会直接影响到池塘底质的保水、保肥性能。沙土、粉土、砾质土等保水能力差；黏土保水能力强，干时土质坚硬，吸水后呈糨糊状，干旱时堤埂易龟裂，冰冻时膨胀甚大，冰融后变松软，适合建养虾池；壤土介于沙土、黏土之间，并含有一定的有机质，硬度适中，透水性弱，吸水性强，养分不流失，土壤内空气流通，有利于有机物分解，小龙虾掘洞不易坍塌，因此，壤土是建池最理想的土壤。

此外，建池对土质的化学成分也有一定的要求，含铁量过多的土壤，因铁离子在水中形成胶体氢氧化铁或氧化铁赤褐色沉淀，附于小龙虾鳃丝上，对呼吸不利，特别对小龙虾卵孵化和幼体虾危害较大，所以不宜建池。

四、土质与水草

沙土通透性良好，由于其质地疏松，故水草前期易成活。砂土的有机质分解快、积累少，氧分易流失，致使各种养分都较贫乏。砂土中施肥见效快，水草早生快发，但无后劲，往往造成后期缺肥早衰。

黏土水多气少，土温变化小，养分分解转化慢，施肥后见效迟，肥料有后劲，水草往往不发小苗发老苗，前期水草不利于生长，若施肥稍微过量又会导致水质恶化。

壤土质地的土壤、水与气之间的矛盾不那么强烈，通气透水，供肥保肥能力适中，抗逆性强，适种性广，适合各种水草生长，易培养成高产稳产土壤。后期底质和水质相对稳定易调节。

综上分析，砂土不保水、易流失，需改动；黏土保水但难肥，前期肥水调控底质和水环境成本高不适合短期养殖；壤土各项适中，易调节，前期投入成本不高是养殖的最佳选择。

第二节　底质对水质和小龙虾的影响

养虾的场地选择时要选好的底质。池塘底质是池塘生态系统重要组成部分，底质状态对池塘水质具有决定性影响，具体体现在以下几点：

①适当厚度的底泥能起到供肥、保肥和调节水质肥度的作用。

②底泥中含有大量营养物质，经细菌分解和交换释放后，可不断为浮游植物供应氮、磷、钾等养分。

③池塘大量施肥（硝酸态氮肥除外）后，底泥中的胶体物质能吸收和固定部分营磷酸、铵、钾等离子，并在适当条件下被交换释放，以供浮游植物吸收利用。

然而，底泥过多存在以下弊端：

①养殖产量低。由于底泥增厚增多，池底抬高，造成池塘的水体容量变浅变小，小龙虾的生活空间减少，这些都不利于密养高产。

②缺氧浮头。池塘底泥过多，水中有机质也多，大量的有机物经细菌氧化分解，消耗大量氧气，造成缺氧状态。在缺氧条件下，产生一氧化碳、有机酸、硫酸等还原性有害物质，危害小龙虾体质。

③形成“老水”。底泥过多易形成“老水”，使小龙虾抵抗力降低，而且品质差、品相差。

④易发病。池塘底泥过多，易使水质恶化，酸性增加，病菌容易大量繁殖，同时在不良环境中，有害物质容易造成小龙虾抵抗力减弱、引起慢性中毒。

第三节　清淤策略

①排挖底泥。池塘在养殖一年后干池一次，排水后挖去池塘过多的底泥。池塘一般保留 10～20 cm 厚的底泥层较为适宜。一般是先排干池水，然后进行人工清洗排放或机械（泥浆泵）清淤。

②晾晒塘底。池塘排干水，让池底接受充分的风吹日晒，或经过冬季的冰冻，对改良底质有良好效果。太阳暴晒、紫外线消毒都有利于底泥中有机物的分解（消除氧债）和氧化（补充氧库）。

③施生石灰。池塘排干水后施放生石灰，主要有以下的作用：

A. 杀灭潜藏于底泥中的寄生虫、病菌和有害昆虫及幼虫等；B. 游离碱可中和底泥中的各种有机酸，改变酸性环境，使池塘呈微碱性；C. 钙离子浓度增加，pH 升高，固定在底泥的营养盐被释放，起肥水作用；D. 可提高池水的碱度和硬度，增加水体的缓冲能力。

④农作物套养。若干池期较长、水源不充足，可将小龙虾和农作物（水稻、莲藕、茭白、水芹菜等）套养。这样做的好处如下：A. 池底种作物时底泥可更充分地利用，靠陆生作物生长的根部使土壤充以空气，有利于有机物的矿化分解，更好地改良；B. 作物间隙中的水草、生物饵料可为小龙虾提供天然饵料；C. 小龙虾的排泄物还为农作物提供有机肥料，实现农作物、小龙虾双丰收。具体可参考第五章第一节。

第八章　水草栽培技术

小龙虾与水草的关系如同鸟类与森林的关系，水草不仅为小龙虾提供了栖息场所，也可直接为小龙虾所食用。据调查，种植水草的池塘可以提高虾苗的成活率和增长率，降低生产成本，而且塘口小龙虾产量往往要高出30%。种植水草的作用表现为以下几点：

1. 优化生态环境。种植水草可以为小龙虾营造生态环境，利于小龙虾躲藏，水草的多寡直接影响小龙虾的生长速度和肥满程度。

2. 提供天然饵料。水草富含多种营养素和大量活性物质，可为小龙虾生长提供了天然优质的植物性饵料，丰富饵料的多样性，弥补人工配合饲料中某些微量元素的不足，降低饵料成本；水草可改善小龙虾肠胃，提高消化与吸收能力；水草丰富，各种水生动物也增加，也为小龙虾提供动物性饵料。

3. 促进水质净化。水草能通过光合作用有效吸收水体的二氧化碳、硫化氢和其他无机盐类，降低水中氨氮，调节pH，起到增氧、净化水质的作用，使水体即"活"又"爽"，为小龙虾提供优越的水环境。

4. 促进底质改良。水草与小龙虾、底泥、水共同营造一个循环生态系统，水草吸收小龙虾的可溶性排泄物，以固定水草根系，促进能量循环。

5. 有利于隐蔽和藏身。小龙虾蜕壳时，喜欢在水位较浅、隐蔽安静的地方进行，在池塘中种植水草，形成水底森林，正好能符合小龙虾这一生长特性，而且水草丛中可以缩短蜕壳时间，减少体能消耗，提高成活率。另外，小龙虾蜕壳后处软壳状态，抵御能力差，极易遭受老鼠、水蛇等敌害侵袭，水草可起隐蔽作用。

6. 方便攀爬运动。小龙虾喜攀附，尤其是阴雨天和夜晚，池塘中的茭白、水葫芦、水花生等水草的茎部爬满了小龙虾，有利于将头侧露水面进行呼吸。

7. 有利于遮阳、调温。虾池中最适应小龙虾生长的水温是20～30℃，当水温低于20℃或高于30℃，都会使小龙虾的活动量减少，摄食欲望下降。如果高于35℃低于8℃，小龙虾多数会进入洞穴中穴居。因此，在池中种植水草，冬天可以防风避寒，炎热夏季可以遮阳纳凉。

8. 提高成活率。水草可以扩展立体空间，有利于疏散小龙虾密度，防止和减少局部小龙虾密度过大而发生格斗和残食，避免不必要的伤亡。另外，水草可以让水质保持清新，增加水体透明度，保持中性偏碱稳定 pH，提高小龙虾的成活率。

9. 提高品质。小龙虾喜攀爬于水草，避免长时间在洞穴中栖居，使小龙虾的体色更光亮、更洁净、品相好。此外，小龙虾在摄食水草时配合阳光照射，更利于钙质吸收，长势更好。

第一节　水草种植的策略

水生植物的种类很多，分布较广。小龙虾养殖的水体需要有沉水植物、挺水植物和漂浮植物，水草需 3 种以上。所谓“虾多少看水草”，就是看水草的长势和多样性。

小龙虾养殖池塘一般以种植沉水植物为主，挺水植物和漂浮植物为辅。塘口种植水草应分布均匀、品种搭配、密度适当。沉水植物在池塘中呈“井”字形栽植，水草栽植点位不宜过密，以确保水流通道通畅和虾的活动场所空旷。漂浮植物在水中常用竹篙，木棍等固定，防止随水随风四处飘散。水草覆盖面一般占水体面积的 40%～50%，过多需要人工打捞，过少要适当补充。另外，我们杀青苔时不可使用扑草净，易伤水草。

水草种植注意事项：水草必须在放虾前种植；水草在虾池分布需均匀；水草种类多样化；虾池至少留有 1/2 水面作为小龙虾自由活动的空间。

第二节　水草种类及选择

国外的研究人员对小龙虾胃部进行解剖和研究之后，发现每个季节的摄食饵料组成以及不同水草对于小龙虾增重的影响。

不同水草对小规格虾苗平均日增重率的影响效果：

小浮萍＞伊乐藻＞苦草＞水葫芦＞水花生

不同水草对大规格虾苗的平均日增重率的影响效果：

小浮萍＞伊乐藻＞苦草＞水花生 ＞水葫芦

因此，养殖户可以根据自己池塘里虾苗的大小规格来进行水草的选择，但同时也要结合当地的气候、养殖习惯等多方面考虑。

一、水草种类

可以种植的沉水植物有：菹草、轮叶黑藻、金鱼藻、眼子菜、苦草、伊乐藻、小米草等。可以种植的挺水植物有：如茭白、慈姑、水芹菜等水生蔬菜，还有芦苇、香蒲等。可以种植的漂浮植物有：水花生、水葫芦、水浮莲、浮萍等。

小龙虾喜爱摄食的水草主要有：菹草（麦黄草）、轮叶黑藻（灯笼泡子、节节草）、金鱼藻、眼子菜、苦草（扁担草、水韭菜）、伊乐藻（吃不败）、小米草、水葫芦、水花生等。

二、几种常种水草的特性

对于水草的特性，可以从生活习性、生长速度、生长时间、耐寒性和耐热性、繁殖方法、害虫和疾病问题等几个方面来探讨。

（一）伊乐藻

沉水植物，种植方法简单，易活，生长速度快，产量高，但不耐高温。5℃萌发，10℃生长，15℃猛长，30℃开始死亡。最适生长月份为 2～5 月份。

（二）菹草

沉水植物，秋季发芽，冬春生长，4～5 月份开花结果，夏季 6 月份后开始衰退腐烂，不易种活，需高溶氧环境。

（三）苦草

沉水植物，易种植，3～4 月份水温在 15℃开始萌发，22℃时 4～5 天开始出苗，6～7 月份生长旺盛，10 月份后衰老。

（四）轮叶黑藻

水温超过 10℃便开始发芽，耐高温，每年的 12 月份至翌年 3 月份是播种期，在 4～8 月份之间长势最好。

第三节　水草种植方式及周年选择变化

水草种植宜多品种搭配，种植单一品种水草风险较大，也不利于发挥各种水草的优点。水草种植宜间作，不宜混作，分块种植，一般间隔 6～8 m 宽留一条 2 m 宽虾路，具体视情况而定，以加强水体间上、下水层的对流及增加阳光的照射，有利于水体中其他有益藻类及微生物的生长，还有利于小龙虾的行动、觅食，增加小龙虾的活动空间。

一、种植方式

(一)栽插法

池塘水位在 5 cm 左右,将水草切成小段,每段 20～25 cm,然后像插秧一样插入池低,也可用脚踩或者竹竿插。该方法适用于伊乐藻等。

(二)抛入法

将水草的根部用软泥包裹后抛入池底,使根茎生长在底泥中,如伊乐藻、苦草等。

(三)播种法

播种时水位控制在 15 cm,先将草籽用水浸泡 1 天,再将果实里细小的种子搓出,加入约 10 倍于种子量的细沙壤土,与种子拌匀后播种。该方法适用于种子发达的水草,如苦草等。

(四)移栽法

将修剪好的秧苗连根移栽到浅滩处或者小高地,注意秧苗根部入水 10～20 cm,整个植株不可长期浸泡在水中。该方法适用于挺水植物如茭白、慈姑等。

(五)盆栽法

用花盆或其他盆种植,底层用树叶铺盖,中下层用土壤铺盖 10 cm,中层用牛粪等有机肥铺盖 5 cm,上层再用土壤铺盖 10 cm。该方法适用于伊乐藻、轮叶黑藻等。

(六)固定法

又叫圈养法,主要是用竹竿或网片等圈养在池塘固定位置进行培育。该方法适用于容易随风/水流飘动的浮萍类植物,如水葫芦、水花生等。

二、水草选择的周年变化

根据水草的不同生长特性,在不同生长季节根据水温变化搭配不同的水草,一般年前 11 月份至翌年 2 月种植伊乐藻为主,亩栽 45 kg;3～5 月份分期播种苦草;3～10 月份以轮叶黑藻和金鱼藻为主,亩栽 185 kg,池塘表面搭配少量浮萍。在池塘水体中形成至少 3 种以上的水草种群,确保在养殖中后期水草覆盖率 50%左右,以便在夏季高温时,有效降低环境温度,有利于小龙虾的脱壳生长。

(一)伊乐藻

春季生长迅速,高温期容易烂头。放虾前种植,采用扦插的方法,亩栽 45 kg。

1. 伊乐藻一般在当年冬季或者第二年春季种植，最好水温在 5℃以上。其种植方法：把伊乐藻剪成 10～15 cm 一根，一株 15 根左右，老塘按照行距 10 m、株距 6～8 m 标准栽种水草，新塘按照行距 4 m、株距 2 m 标准栽种水草，其后根据伊乐藻生长情况不断提高相应水位。

2. 日常管理　5～6 月份，注意观察伊乐藻的生长过旺，长出水面时应及时割茬，采用专用推草刀割掉草头，基本上在高温期间要割到 2～3 次，防止高温期大面积浮根腐烂，败坏水质，注意割下的水草视塘中伊乐藻覆盖面积选择是否就地栽种。

(二)轮叶黑藻

是小龙虾喜食的水草，为防止被小龙虾吃光，种植后先用网围住，待大量生长后再将网撤掉。

1. 芽苞播种：12 月份到翌年 3 月份，选择晴天播种，播种前池水加注新水 10 cm，每亩种 0.5～1.0 kg，播种时应按行、株距 50 cm，将芽苞 3～5 粒插入泥中，或者拌泥撒播。当水温升至 15℃时，5～10 天开始发芽。轮叶黑藻每年 4～8 月份，处于营养生长阶段，根尖插入水底泥中，3 天后就能生根，形成新的植株。

2. 植株移栽：每年 4 月下旬至 8 月份，均可种植，将轮叶黑藻植株切成 10～15 cm 的小段，每亩按 50～100 kg 均匀抛洒，并使草茎部分入泥，保持水深 15～20 cm，约 20 天后，基本能覆盖全池，以后，可逐渐加深水位，不使水草露出水面。种植注意要点：围栏保护，防止龙虾进入种植区域，待水草满塘时，方可撤掉围栏，让龙虾进入。

3. 日常管理：在低密度(1 000 只/亩以内)的养殖模式中，轮叶黑藻可以作为虾塘的主要水草，在春天必须围栏保护种植，等到 6 月份，水草满塘后，方可撤掉围栏，让小龙虾进入。在以伊乐藻或苦草为主要水草的养殖模式中，少量保护种植轮叶黑藻，可以起到在夏天净化水质，保持水质清爽，达到保护伊乐藻或苦草的作用。

(三)苦草

水温回升至 15℃以上时播种，每亩播种苦草籽 100 g。播种前向池中加新水 3～5 cm 深，最深不超过 20 cm。选择晴天晒种 1～2 天，然后浸种 12 小时，捞出后搓出果实内的种子。并清洗掉种子上的黏液，再用半干半湿的细土或细沙拌种全池撒播。搓揉后的果实其中还有很多种子未搓出，也撒入池中。

1. 每年的 3 月到清明前后是苦草播种的主要时期，亩用种量 1.5 kg 草籽；播种前一天先晒草籽 1 天，接着，再浸泡 1 夜，挫出草籽，再用潮湿的细土拌种满塘撒播，水位保持 5～10 cm。

2. 日常管理。苦草苗期生长缓慢，为促进分蘖，控制营养生长，前期水位控制在 30 cm 以内；6～7 月份，苦草进入快速生长期，这时水位逐渐加至 70 cm 以上。苦草喜高温，7～8 月份生长尤其旺盛，一定要捞掉被龙虾夹断的苦草，以免败坏水质。苦草覆盖太密时，一定要用专门的割刀割出食路，以便小龙虾摄食。

(四)金鱼藻

每年 5 月份以后可将金鱼藻全草移栽，让其自然再生；每年 12 月份到翌年 2 月份可捞取带冬芽的金鱼藻洒入浅水中，4 月份可萌发出新枝。

第四节　池塘水草管理

养好一塘虾，管好一塘草，良好的水草环境对小龙虾生长尤为重要。笔者走访调查发现，许多养殖户无法做到水草全年覆盖率恰当、生长茂盛、不腐败的管理效果。池塘水草不应只种不管，在管理上做到科学性、系统性、立体性、多样性。那么如何养护好水草，保持它们良好的生长态势，具体建议如下：

(一)加强日常管理

①定期检测水体氨氮、溶氧、pH 等指标，预测水草生长变化，及时预防、调节；②适当增氧，尤其在高温或阴雨天；③及时割除老草，防止腐烂污染水质；④定期将水草分块，泼洒抗应激药物，防止水草过密。

(二)水草挂脏处理

洪水爆发、阴天或刮风下雨等情况下，水质浑浊，沉淀后，泥垢覆盖在水草上形成挂脏，阻碍了水草光合作用，有时这种挂脏还会携带纤毛虫、有机物或螺卵等，导致水草枯萎变质，甚至老化死亡，水体自动修复能力下降。解决办法为换水改底肥水，使用适量腐殖酸钠(500 g/亩)，全池泼洒，可将脏污除掉。

(三)水体肥度调节

水质清瘦，主要是池塘水温低、基肥不足、螺蛳投放过多等导致水草难以生根生长。解决办法为加量使用有机肥，适当补栽水草；水质过肥引起透明度降低，影响水草正常生长。解决办法为采用换水、投放螺蛳、定期使用菌种和腐植酸钠等方式调节水质，增加透明度，并配合使用含钾复合肥，促进水草生长。

(四)烂根、黑茎处理

及时捞出烂根、黑茎的水草，水温控制在 18～28℃，水深≥50 cm，早晚更换新水，加快增氧频率。

（五）小龙虾夹草处理

小龙虾夹草分生理性夹草和应激性夹草。生理性夹草属正常现象，像犬只磨牙一样；应激性夹草属不正常夹草，主要由饥饿、应激、缺氧、环境恶化等原因引起，此时应注意勤改底、多增氧、少杀虫等。

第九章　水质调控

尽管小龙虾的环境适应性和耐受性强，可以在多种性质的水体中存活，然而人工养殖的小龙虾产量并不高，为了提高养殖产量，确保经济效益。调水的目的是通过人工调节使池塘的生态环境始终处于一种合理的动态平衡状态。

水体中的菌群分为3类：有益菌群、有害菌群和中间菌群。有害菌群和有益菌群对水生态环境中的中间菌群具有影响力。水产养殖中经常出现的问题是水质恶化，底质恶化，病害频发，主要原因在于投放饲料导致残饵、粪便增加，一旦超出环境负荷，便会出现水质恶化，病害频发。想要培养成适合小龙虾生长发育的优质水体，总体还是要遵循"肥、活、嫩、爽"四字箴言。

"肥"：池水含有丰富的有机物和各种营养盐，通常以水体透明度来表示肥度，透明度保持30～40 cm，繁殖的浮游生物多，特别是易消化的种类多。

"活"：池塘中一切物质都在循而有序地转化着，水色和透明度随光照和水体生物的变化而变化，水活多指水中的硅藻、绿藻等藻类较多，蓝藻、金藻等藻类较少。

"嫩"：指水肥而不老，水体藻类正处于增长期，细胞未老化，保持黄褐色、浅绿色等几种水色。

"爽"：指水质清爽不混浊，水体除了浮游生物外没有或很少有其他悬浮物，溶氧较高。

池塘调水需要养殖户系统全面的管理，使水体始终保持"肥、活、嫩、爽"。调水包括方方面面，本章将主要从护底改底、解毒、肥水、消毒4个方面具体分析。

第一节　护底改底

小龙虾是底栖生物，好的水底环境是小龙虾健康快速成长的基础。养水先护底，底质的好坏直接影响水质，改善底质是改善水质的基础。护底主要是底部保健、培藻、养底等，通过定期使用生物制剂促进池塘生态系统稳定，保证藻相和菌相平衡，确保护底效果。

护底就是往池塘中定期补充益生菌等复合微生物，促进池底生态平衡。利用益生菌分解有机质，将残饵、排泄物、动植物尸体等影响底质变坏的物质分解，不仅可以养护底质和水质，而且能控制病原微生物的繁殖及其病害的扩散。

改底就是将池塘底部的病菌杀灭、毒性降解或转化，从而确保池底生态系统的稳定。随着养殖的深入，底部有机质逐步增多，来源于投喂的饲料、养殖动物的残饵以及养殖动物的粪便加上藻类、水草的尸体等，这些物质长期沉积会导致底质变差、滋生病菌、损害虾体健康。

一、底质恶化的危害

（一）产生有毒有害物质

养殖中后期，随着饵料投喂和养殖密度的增加，池塘底部堆积物将会持续发酵，产生氨氮、硫化氢以及甲烷气体，损害肝脏、鳃等重要组织，尤其在蜕壳期间体质虚弱，极易造成大面积死亡。

（二）底部缺氧

有害厌氧型细菌大量繁殖，造成底部缺氧，尤其是蜕壳期间，容易造成机体应激和蜕壳未遂现象，影响蜕壳率和增长率。

（三）滋生寄生虫

底质较差极易滋生纤毛虫类的寄生虫，而这种寄生虫附着于甲壳上，容易引起小龙虾蜕壳不遂而死亡。

（四）污染中上层水质

底质的持续恶化会导致池塘整体的水质变差，甲藻或裸藻大量繁殖，水面颜色变红或变黑。

二、改底措施

（一）物理型底改

物理型底改常见的种类为木炭、高铁酸盐、沸石粉等，此类物质可以起到絮凝、吸附、离子交换的作用，将水中有机碎屑、大分子毒素等吸附，并沉到池塘底部，利用微生物进行分解，这种方法不会对水体的理化性质造成影响，但是如果池塘底部环境较差，甚至已经处于恶化状态，那么解毒效果势必会打折扣，甚至会造成负面影响。

（二）生物型底改

生物底改主要是通过芽孢杆菌、乳酸菌、酵母菌以及硝化杆菌等有益微生物的生长繁殖，在底部形成优势种群，分解底部残饵和粪便等，将其转化为二氧化碳、硝酸盐、硫酸盐等营养物质，供藻类和水草吸收生长。同时，和有害菌竞争营养和生存空间，抑制病原体滋生，并降解池底亚硝酸、氨氮等有毒有害物质，解除小龙虾蜕壳期间重大的危险源。

值得注意的是，生物型底改在使用前一定要检测溶氧，池塘缺氧或天气不好时不要使用，因为，有益微生物在繁殖时会大量耗氧，溶氧不足会使其无法成为优势菌群，反而进一步加重水底缺氧。水过肥时，首先要更换少量新水，增加水体透明度，再适合使用生物型底改。

（三）化学型底改

化学型底改常见有过硫酸氢钾复合盐、硫代硫酸钠、磷盐类等，主要以氧化剂及表面活性剂、卤素类、碱性金属为主，其中以氧化性底改居多。通过高氧化还原电位，把大分子有机物氧化成小分子有机物，利于微生物分解，同时，提高池塘底部氧化电位，减少还原性物质（毒素）的积累，释放新生态氧，抑制有害菌繁殖，增加池塘溶氧，加速池塘物质循环，尤其在闷热阴雨等天气可有效防控小龙虾缺氧。

三、注意事项

改善底部环境在于勤，不在于多；可交叉使用不同的底改；晴天上午改底，阴天不宜改底；投放新虾时不宜改底；投喂饵料时不宜改底；池塘缺氧时，应先增氧、再改底；小龙虾处于蜕壳期时，先加新水，待蜕壳期过后再改底。

第二节　解毒

随着水污染越来越严重，水体负重已经超出养殖的极限，对小龙虾造成了极大的影响。轻者降低机体免疫力、影响食欲，从而间接诱发细菌感染等疾病；重者破坏机体神经，引发死亡，所以“识毒”“解毒”是养殖户养殖管理的重要环节。

一、毒产生的原因

小龙虾机体中毒通常由死藻、药物、重金属、pH、残饵、排泄物沉积腐败等引起。

二、解毒思路

解毒是破坏水体中毒素的分子结构，使得毒素的分子式改变，从而失去毒性的过程。在成虾养殖阶段，种好草加好水后，应先解毒再放苗。

(一)稀释毒物的浓度

通过换水、吸附等手段，降低环境中有害物质的浓度。通过内服解毒产品，促进机体内有害物质的代谢和排除，来解除动物体内有毒物质的毒性。

(二)缓解中毒症状

通过增氧、施抗应激药物等手段，增强机体自身对不良环境的适应能力和对有毒物质的代谢、转化能力，缓解症状。

(三)促进毒物的转化

将毒物转化成无毒的物质，通过氧化或者其他作用，破坏有毒物质的物理形态和化学结构，从而达到解毒的目的。

三、常见解毒药

由于毒素的类型千差万别，因此解毒药也呈现五花八门的情况，总结来看，市面上的解毒药品主要有以下几类：

(一)硫代硫酸钠(大苏打)

在水产养殖的过程中，硫代硫酸钠主要用于解除养殖水体中重金属和余氯的的毒性。硫代硫酸钠自身有较强的络合作用，能够络合水体中的重金属离子并与之形成络合物，从而掩蔽重金属离子，消除其本身对水生动物的毒性。

作为易溶于水的白色晶体物质，有极强的还原性，用于去除水中余氯。硫代硫酸钠可以将氯气还原为盐酸，因此对于经常使用氯制剂的池塘，可用用它来解除水体的游离氯的毒性。其次，可以降解有机磷类杀虫剂的毒性。

(二)维生素C

水产上使用的维生素C主要用于外泼和内服，作为机体内的强还原剂，参与机体内的生化反应，清除动物体内摄入的氧化油脂，霉菌毒素等产生的氧化自由基，同时增强机体内的代谢功能，促进有害物质的代谢转化成无毒的物质和有害物质的排出，从而达到解毒的目的。

特别注意，维生素C属于强还原剂，在水环境中很不稳定，容易被氧化成脱氧抗坏血酸，在中性和碱性的水体中易被氧化。因此根据使用状况选择不同的类型维生素C很有必要，泼洒维生素C主要通过小龙虾鳃和口器吸收。

(三)有机酸

优质的有机酸主要成分是果酸，柠檬酸等。有机酸解毒关键取决于有机酸含量的多寡，所以有机酸的浓度越高效果越好。有机酸主要是通过羧基—COOH或—COOR或—COR的螯合和络合作用，能有效降低环境中重金属离子的浓度，达到解毒的目的，还可通过酶促反应，分解有机磷，菊酯类和藻毒素（郑淑云，2007）。有机磷和菊酯类还有藻毒素，都属于有机化合物，酸性物质可以催化上述有机化合物的水解反应，加快有机物化合物的分解，从而起到解毒的功能。有机酸的碳属于小分子有机碳，藻类能利用，有助于解毒后的肥水。多元有机酸含碳量大，分子量越大，刺激性越小。

特别注意，水体中性或碱性，影响有机酸使用效果。夏季高温水草活力不好底部偏酸性易加速水草腐烂不建议使用。

（四）活性炭类

活性炭的分子构造独特，可以将毒素进行吸附，从而沉淀至池塘底部，具有以下优点：①速度快，安全，有效络合与分解水中氨氮，藻毒素、重金属等有害物质；②对水体pH要求小，持续时间较长，将有害物质脱离水体稳定水质；③活性炭具有巨大比表面积及发达孔隙结构，对水中有机物及溶解氧有强吸附性，同时发挥活性炭的物理吸附作用和微生物降解作用，是目前很好的优质绿色水处理技术；④可以有效防止水温突升、毒素再次扩散，对小龙虾造成进一步危害。

第三节　池塘水质调控技术

池塘养殖水环境调控，遵循养殖动物生态生理特性和养殖池塘生态特点，基于良好浮游微藻培养和有益菌调控，包含了水体营养调控法、有益菌调控法、综合调控法和有限量水交换法等系列技术的应用，能有效地降解转化养殖代谢产物，促进藻相与菌相平衡，营造良好的养殖生态。

一、养殖池塘主要生物之间的相互关系

在养虾池塘中，小龙虾与浮游微藻、浮游动物、细菌之间存在着互相依存的关系。小龙虾以配合饲料为主要食物，虾苗期可以摄食浮游植物、浮游动物、细菌团粒，养殖后期可以摄食细菌团粒，而小龙虾的代谢产物、残存饲料、浮游动植物的残体通过细菌的降解转化为营养元素，又为浮游植物、浮游动物所利用。同时，细菌在降解转化代谢产物的过程中，自身繁殖成为细菌团粒。

二、小龙虾养殖的自身污染

(一)摄食饲料带来的污染

水产动物养殖过程产生大量代谢产物，包括了养殖动物排泄物、残存饲料、浮游动植物的尸体等。养殖生产上，按目前的养殖模式和养殖水平，通常管理良好的集约化池塘养殖饲料的实际转化率大约30％。我国水产池塘养殖基本采用“三池合一”模式，养殖对象的摄食、排泄及代谢产物的分解在同一池塘中进行，养殖动物每天摄食，每天排泄，代谢产物不断积累，自身污染程度逐日加重。

(二)其他投入品带来的污染

为了防治病害和控制水质，在养殖过程中往往需要投入各种治疗剂、消毒剂、水质及底质改良剂、肥料、饲料添加剂。各种消毒、杀菌药物的大量使用，严重破坏了养殖动物、微生物和环境三者构成的动态平衡，进而污染池塘环境。抗生素药物和重金属的使用还将危及养殖水产品的质量安全。

三、养殖池塘水环境调控的关键

养虾池塘环境调控的关键在于培养和维持稳定的、优良的浮游单细胞藻类种群和培育有益的微生物种群，并使其成为优势的菌群两方面。通过浮游微藻和有益细菌的共同作用，降解转化养殖代谢产物，调节水质，抑制有害细菌和有害微藻的滋生，营造适宜水产动物健康生长的良好生态环境。

养虾池塘中存在着不同类别的微生物(有益的、有害的、条件致病的、病原菌)，培育有益的微生物种群并使其优势菌群，能够降解、转化池塘中的有机物(池塘累积的有机物、有机肥料、养殖过程产生的代谢产物)，在净化养殖环境的同时，为浮游单细胞藻类生长繁殖提供源源不断的营养，达到“化废为宝”的作用。通过营养竞争、空间竞争、生态位点竞争，抑制有害菌、条件致病菌乃至病原菌的繁殖生长，减少病害发生。有益微生物降解有机物形成细菌团粒，可以成为养殖动物的优质活饵料。

四、养殖池塘水环境调控技术

(一)池塘和水体的常规处理技术

开始养殖之前，土池或沙池应晒池，老化池塘撒上生石灰再曝晒。根据需要选择安全、高效的渔用药物，有效清除杂鱼、杂虾、寄生虫、细菌、病毒等。

(二)有限量水交换技术

养殖中后期半封闭，中期逐渐加水至满水位，后期视水质变化和水源质量适当换水。水交换原则，一次添（换）水量为养殖池塘总水量的5%～15%，保持养殖水环境的稳定。提倡水源经过沉淀或过滤、消毒以后，再进入养虾池塘，避免水源带来污染和病原，有条件的养殖场应设置蓄水池。

（三）养殖水体营养调控技术

1. 水体营养素

（1）无机复混营养素　含溶解态（氮、磷为主）养分，不易为池底胶泥吸附，有效性强，N/P适宜浮游绿藻和硅藻的需求。

（2）无机有机复混营养素　含氮、磷、有机质、微生物、发酵物等多种成分，既能快速培养绿藻和硅藻，又能保持长久肥效。

2. 水体营养调控法

（1）放苗前施用营养素　养殖水体要求有一定的水色和透明度，需要有一定量的浮游微藻，自然水体中含有的营养成分不足供应浮游微藻的生长，需要外加施营养素，增加养殖水体营养水平。通过有效施用营养素，优化养殖水环境和培养优良活饵料。

（2）追施营养素　养殖过程因大雨、降温、转风向、使用消毒剂或杀虫剂不当，引起微藻死亡，使水色变清，透明度变大，或者浮游微藻的繁殖快速消耗营养元素，会造成养殖水体中营养元素的欠缺，引起微藻繁殖停顿，水色变清（在浮游动物繁殖旺盛的池塘更明显）。追施营养素的原则仍然是：池底有机质丰富的池塘施用无机复混营养素，池底干净的池塘施用有机无机复混营养素。

（四）有益菌调控技术

1. 芽孢杆菌制剂调控

由枯草芽胞杆菌和地衣芽胞杆菌组成的复合制剂。有益芽孢杆菌能够分泌丰富的胞外酶系，降解淀粉、葡萄糖、脂肪、蛋白质、纤维素、核酸、磷脂等大分子有机物，性状稳定，不易变异，对环境适应性强，在咸淡水环境、pH 3～10、温度5～45℃内均能繁殖，兼有好气和厌气双重代谢机制，产物无毒无害。在养殖池塘中施放芽孢杆菌，能够快速降解养殖代谢产物，减少有机物在池底的累积，促进物质循环利用，促进优良浮游微藻繁殖，延缓池底老化，同时抑制有害菌繁殖，促进有益菌形成优势，改善水体质量。

2. 光合细菌制剂调控

光合细菌是一类有光合色素，能进行光合作用但不放氧的原核生物，能利用硫化氢、有机酸做受氢体和碳源，利用铵盐、氨基酸、氮气、硝酸盐、尿素做氮源，但不能利用淀粉、葡萄糖、脂肪、蛋白质等大分子有机物。在养殖池塘中施加光合细菌，能够吸收养殖水体中的氨氮、亚硝酸盐、硫化氢等有害因子；减缓养殖水体富营养化程度，平衡浮游单细胞藻类藻相，调节酸碱度。

3.乳酸杆菌复合制剂调控

由乳酸菌为主导菌培养而成，其结构复杂，性能稳定，可以降解、转化大分子有机物，也可以吸收利用小分子有机物和无机物。在养殖池塘中施加乳酸杆菌复合菌剂，可以起到分解有机物，平衡浮游微藻类的繁殖，吸收养殖水体中的氨氮、亚硝酸盐、硫化氢等有害因子。净化水质的作用。

4.有益菌协同调控法

养殖过程中，当浮游微藻繁殖不良时，可同时施用肥水型乳酸杆菌或肥水型光合细菌和芽孢杆菌复合制剂。乳酸杆菌或光合细菌起净化水质作用，其培养液含有多种微藻生长所需的营养成分，可促进浮游微藻快速繁殖；芽孢杆菌可快速降解池中的有机物，转化成为浮游微藻生长所需的营养成分；两者协同作用，即可净化水质和底质，又可促进优良浮游微藻的稳定生长。

(五)综合调控技术

1.综合调节剂

(1)水产养殖环境调节剂　以火山岩粉为基本原料，复配有益微生物、高效净水剂、中草药等成分，兼具吸附和分解有机物、解毒等多重作用，如水产养殖环境调节剂A型、B型、C型。其中A型复配有芽孢杆菌，B型复配有高效净水剂，C型复配有中草药。

(2)池底净　含有效钙成分，兼具有增加养殖水体含钙量和长效增加水体溶解氧以及缓和消毒灭菌作用。

(3)爽水灵　含溶解态腐植酸，能有效络合水体中的悬浮有机物及有毒有害物质，平衡酸碱度，稳定优良浮游微藻种群。

(4)增氧剂　粉状或粒状、片状，富含有效氧，具有高效增氧作用，用于养殖水体缺氧急救。有的产品复配了溶解态微量元素，也可用于平衡水中营养状况，辅助稳定浮游微藻生长。

(5)其他类　常用的环境调节剂还有石灰、沸石粉、白云石粉、麦饭石粉等。

第四节　消毒

消毒是指杀死病原微生物、但不一定能杀死细菌芽孢的方法，通常用化学药物

（消毒剂）来消毒。

一、消毒原因

清塘消毒是创造良好养殖环境的基础，池塘环境的清洁与否，会直接影响小龙虾的健康，所以一定要重视池塘的清塘消毒工作，它是预防虾病和提高虾产量的重要环节。池塘经过一年的养殖，各种病原体通过不同途径进入，再者塘基水冲塌漏，杂草丛生，塘底底泥沉积过厚，又为病原体繁殖提供适宜场所。所以，必须坚持年年清塘消毒，才能达到预防疾病的目的。

二、消毒手段

常见的消毒形式有药物消毒、挖掘机清除底泥、塘底暴晒等方式。

（一）晒塘清淤

在晒塘之前，抽干水后，先将底层的底泥清理干净，晒塘标准是底层底泥出现龟裂现象，清淤的目的是让底泥与空气充分接触。通过天然氧化作用，曝气杀死泥土里面的寄生虫和虫卵以及厌氧有害病菌，同时氧化重金属离子，挥发掉底泥里面的农药残留物。晒田清淤的时间要根据具体情况来判定，夏季高温一般 2～3 天就可以了，秋冬季低温则最少需要 10 天以上。

（二）生石灰

生石灰清塘是最有效的消毒手段，生石灰散发出的热量以及氧化过程中释放的大量碱毒，可以杀死水体及土壤中的所有细菌、寄生虫以及虫卵、活性有机质等有害物质。常规清塘用量 60 kg/亩即可，干洒和湿洒都可以，干洒适合于秋冬季晒塘底泥露出水面的池塘，湿洒适合于春季，具体施用方法/用量还是参考当地的土壤黏度和盐碱度等环境要素。

（三）漂白粉

漂白粉的含氯量较高，与水反应会产生次氯酸等化学物质，释放氧气，杀菌效果明显。注意，漂白粉保存时要注意密封，避免与空气接触；此外，漂白粉对人体有害，在泼洒漂白粉的时候要注意做好防护工作。

（四）茶枯消毒

茶枯是指油茶榨油的残渣，含茶皂素，有毒。可杀灭野杂鱼、福寿螺等敌害动物，配合生石灰使用效果更佳。一般在冬季晴天进行，全池泼洒，提高消毒效果，节约成本，还能够优化水质。

第十章　病害防治

在水产养殖环境系统中，池塘底质藏污纳垢，各种致病因素复杂多变，作为底栖动物的小龙虾尽管拥有强大抵抗力和顽强的生命力，但要想出底泥而不染，其本身困难重重。

小龙虾的疾病是在致病因素作用下发生的机体损伤与抗损伤的斗争过程，在此过程中，机体的机能、代谢和形态发生异常，最终出现一系列的症状和体征。小龙虾疾病发生的原因不外乎内因和外因两个方面，但均需要环境改变这个诱因。外因包括生物学因素、化学性因素、物理性因素等；内因包括免疫功能降低、营养状况改变、种属及遗传因素等。因此，小龙虾疾病发生其实是因果转换的结果，是各种环境有害因素累积叠加造成。

对小龙虾疾病本质的诊断，一方面通过详细的诊查获得全面的症状和资料，另一方面对症状和资料进行综合分析，并断定疾病的实质。诊断分为 3 个阶段：第一阶段就是调查病史，检查、收集症状和资料；第二阶段就是分析、综合、判断；第三阶段就是实施防治，并验证结果。

本书前面的有关章节已着重从生物安全方面阐述了疾病预防的方法。考虑到每个养殖场的实际情况和每个养殖户技术掌握的程度，疾病诊断与预防必须从实际出发、因地制宜，既要全面了解各种发病因素，又要从观察细节入手。

第一节　病害预防

小龙虾病害的防治应遵循：一是预防为主、防治结合的原则，二是全程消毒的原则，三是先调查、再检测、后诊断处置的原则，四是“以虾为本、生态养殖”原则。虽然小龙虾的适应性和抗病能力较强，但是在高密度人工养殖池塘中，若不做好预防管理措施，发病是在所难免的。一旦有小龙虾产生病变，会通过各种途径（污染水质、被同类残食）感染其他小龙虾，导致整个养殖池塘的死亡率升高，降低生产效益。所以发病时应第一时间调查发病原因，综合考虑内外因素，尽早拿出解决方案，把病情控制在可控的范围内，减少余病、并发症、病情扩散等对小龙虾的二次伤害。

一、病害发生原因

(一)环境因素

对于患病的小龙虾水体，查看水质理化指标的日常记录，包括溶氧、氨氮、硫化氢、pH 等，弄清是否存在“超标”情况。

(二) 病原体

小龙虾病原体有真菌、细菌、病毒、原生动物等，其传染力的强弱与病原体在宿主体内定居、繁衍以及从宿主体内排出的数量密切相关。水体条件恶化越严重，其传染力越强。

(三)自身原因

小龙虾体质状况是决定其能否抵御外来病原体的重要因素。如健康虾对疾病的抵抗能力要比软壳虾强得多。

(四)人为因素

1. 操作不当

养殖户在捞虾、运输时，会因操作不当或动作粗糙，误伤小龙虾，造成附肢或机体损伤，从而使病菌易侵入，导致小龙虾感染患病。

2. 外部带入病原体

从外界捞取活饵、采集水草和投喂时，由于消毒、清洁工作不彻底，可能带入病原体。另外，病虾用过的工具未经清洗消毒转而用于健康虾，也能造成重复或交叉感染。

3. 饲喂不当

投喂变质的饲料，会引起小龙虾中毒和水质变坏；投喂干饲料，饲料品种单一，缺乏动物性饵料和合理的蛋白质、维生素、微量元素等，都会造成小龙虾体质衰弱，容易感染疾病。

4. 环境调控不力

小龙虾对水体的理化指标有一定的适应范围。如果不及时换水、调水，虾的排泄物和残饵过多，会造成二氧化碳、氨氮增多，微生物滋生，浮游植物生长过盛，都可使水质恶化，溶氧量降低，引发虾发病。

5. 放养密度不当和混养比例不合理

合理的放养密度和混养比例能够增加虾产量，如果放养密度过大，一方面造成缺氧，降低饵料利用率，引起小龙虾大小悬殊；另一方面正常的活动空间受限，正常摄食和生长也受到影响，在饵料不足的情况下，易发生以大欺小和恃强凌弱的现象，造成死亡率高。同样，鱼虾混养时也应注意比例和规格，比例不当会影响小龙虾的正常生长。

6. 饲养池及进排水系统设计不合理

饲养池特别是底部设计不合理时，不利于池中的残饵、污物的彻底排除，易引发水质恶化，使虾发病。进排水系统不独立，也会造成相互污染，特别是在大面积精养或水流池养殖，更要预防这种情况发生。

7. 消毒不彻底

虾体、池水、食物、工具等消毒不够，会使虾的发病率大大增加。

二、基本措施

养殖过的池塘建议用生石灰彻底清塘消毒，避免顽强病菌的残留，给二次养殖造成伤害。

在小龙虾养殖过程中，预防小龙虾的病害，建议采取以下基本措施：

1. 放养前，养殖池塘（环境）要进行严格的消毒、解毒处理；

2. 放养时，用聚维酮碘（浸洗 3～5 分钟）进行消毒；

3. 加强水质监控与管理，池塘进水系统采用并联方式，定期加注新水，调节池水水质，还可定期用生石灰全池泼洒（pH 高的池塘用漂白粉），或定期泼洒 EM 菌，减少水体中氨氮、亚硝酸盐、硫化氢等有害物质的浓度，保持池水的酸碱平衡和溶解氧水平，使水体中的物质始终处于良性循环状态，防止池水老化等问题；

4. 投喂新鲜饲料，严禁投腐败变质的饲料，疾病流行季节在配合饲料中可添加光合细菌及免疫增强剂；

5. 防止敌害进入养殖环境中，在进水口和池埂上设立隔离屏障（铁皮等），严防敌害生物进入，如发现虾池中有鲇鱼、乌鳢、青蛙、蟾蜍、蛇、泥鳅、黄鳝、老鼠等敌害生物时，要及时采取措施，予以清除；

6. 防止交叉感染。一池塘一套工具，人与工具全程消毒。

三、管理记录

保持养殖记录是有效防控小龙虾疾病的重要举措。小龙虾育种、育苗、养成全

过程都做好记录，一旦发生病害，能及时对比，找出发病原因。

(一)日常管理观察记录

基本的数据记录主要包括：幼体摄食率、成活率、增重率及其他生长指标。所有阶段的日常基础观察都应该记录下来，包括小龙虾来源、池号、日期、饵料种类及来源(如藻类、轮虫等)等。换水的日期、换水量、消毒日期等记录下来。此外定期对幼体进行镜检，确保及时快速地发现问题。

通过分析这些参数的变化率以及这些参数的平均水平，有利于评估小龙虾爆发疾病的可能性，做到早发现、早预防。

(二)环境观察记录

最基本的记录包括温度、盐度、pH、透明度、浮游生物(尤其是藻类种类及密度)、水质管理措施以及养殖池上鸟类的活动情况等。

(三)小龙虾群体记录

包括亲虾和幼体确切来源以及健康证明的历史记录(运输之前的日常记录)，运出育苗场或养殖场的日期、时间以及抵达育苗场或养殖场的状态，抵达的日期、管理负责人，育苗场内不同育苗车间的幼体移动记录。

混群之前要做好检测，不同来源的群体尽可能不要混养。如果不可避免混养，应做好记录。

第二节　小龙虾疾病的诊断

小龙虾病原的种类较多，病原及宿主之间的关系十分复杂，但不同病原引起的疾病往往具有相同表面症状。因此，若要准确诊断小龙虾是否感染了某种病原，就必须全面调查、综合考虑，得出准确的诊断结论，才能采取合理的防治措施，获得预期效果。通过对小龙虾精确、详细地观察，及时发现小龙虾的非正常状态，应马上采取治疗措施，避免疾病传播。本节主要阐述如何根据发病状态正确诊断病原，以及如何对病虾样品进行采集保存、运输、病因诊断等。

一、病原诊断方法

(一)提供背景信息

在诊断小龙虾疾病时，需要了解以下信息：①直观观察，做好水质检测记录；②小龙虾死亡情况及疾病流行情况(急性或慢性死亡)；③感染群体的种苗来源、养殖过程、来源日期；④详细的饲料投喂情况、饲料利用率及药物使用情况。

（二）检测小龙虾的活动状态

①小龙虾的行为变化包括摄食、活动行为等变化；②养殖池的死亡率过高时，表明小龙虾已发病，应当立即收集样品，确定病因；③记录小龙虾的日摄食量，进而判断小龙虾正常的饵料消耗量。

（三）观察小龙虾的体表状况

①小龙虾体表清洁和污损状态：小龙虾的甲壳（体表）和鳃的污损是一个逐步发生的过程，小龙虾生理代谢正常时，甲壳表面及鳃部的污物，通常可以通过自身修饰或蜕壳来控制。因此，当小龙虾体表有大量的微生物或污物存在时，表明小龙虾处于亚健康状态或已发病。如果小龙虾体表或附肢出现明显的侵蚀痕迹或附着物，那么意味着小龙虾已发病。②软壳、斑点和附肢的残缺：在小龙虾非蜕壳期间，甲壳出现软化，表示小龙虾可能受到病原的感染。甲壳的受损或受伤都会使小龙虾感染病原（尤其是细菌和真菌）。这些病原主要入侵软组织，入侵后迅速增生扩散，将严重影响小龙虾的健康。一些小龙虾体表特定的部位出现白色斑点或黑色斑块，多数情况下是小龙虾受到病原感染。尾部（尾肢和尾节）的侵蚀和肿胀，并伴随小龙虾体表或多或少的变黑，这些都是疾病发生的早期或中期征兆。③身体颜色：同一物种中，有些个体比正常的个体颜色要过青或过红，可能是水环境因子变化而引起。比如：当小龙虾生活在深水或阴暗环境里，它们的颜色长期保持青褐色；当小龙虾长期受强光照射后，小龙虾的体色尤其是附肢会变红色或深红色。

（四）小龙虾的解剖学观察

①鳃部出现污垢、发黑或发黄；②病虾的肝脏往往会大小异常（肿胀、萎缩），或者颜色异常（发黑、发红）；③病虾的肠道出现断裂或局部溃烂。

二、健康监测样品的采集

在采集样品前，采集样品数量要充足，保证病原检测的需求量，并确保样品完好无损。采集监测样品的同时，记录好样品的重要信息：样品的生长指标、年龄；群体大小；样品采集的年、月、日等。

三、用于疾病诊断的样品采集

在采集用于疾病诊断样品的同时，除了提供前述信息外，特别强调以下信息：发病后，小龙虾的死亡率、死亡状态及死亡现象（随机的、局部的、遍布的扩散等现象）；发病群体的来源和历史记录；详细的投喂记录、饲料利用情况、药物使用情况。

了解实验室周边地区是否发生过类似疾病，或这种可疑病是否是地方病，也是非常重要的。在这种情况下，实验室要严格操作这些样品，所有样品或废品都要严格消毒，避免病原外泄，污染周边环境。

（一）活样品的运输采集

不论采集样品的大小，活样品应当在潮湿环境下运输。样品运输距离尽可能短，减少运输造成的死亡，确保样品的完好无损，并检查是否符合实验的包装要求等。

（二）组织样品的固定与保存

对于活体运输不方便（病害发生点偏远或运输样品慢）的情况下，可将样品就地用固定液固定，有利于样品进行病理组织学检查、原位杂交、PCR 或电镜检查。最常使用的固定液是酒精、4%多聚甲醛、10%甲醛等，取样后保存在室温或 4℃冰箱。需要注意的是，用福尔马林保存的样品会干扰 PCR 反应，用于 PCR 分析的样品应保存在 70%的酒精中。

对于任何保存样品过程，一定要记住肝脏是疾病诊断非常重要的组织，小龙虾死后肝脏就立即崩解。如果固定液不能及时渗入肝脏，那么整个样品将会报废。因此，在病虾刚死时，就应当马上注射固定液。在气温较高的季节或地区，最好用放在冰上或保存在冰箱里的恒定液恒定样品，这样可以尽量防止肝脏的分解，以及防止保存样品的次生微生物繁殖。

组织固定时，具体操作如下：戴上医用手套和护目镜，准备好剪刀、镊子等，并消毒备用，将待取样虾依据解剖/取样流程进行解剖，取出待固定样品，较大组织应剪成易于固定的小块，然后马上放入固定液中固定，样品和固定液的体积比为 1∶10。固定完成后进行室温保存即可。固定 24 小时后，换用 70%酒精进行长久保存。

四、运输保存的样品

托运样品时，若是用玻璃瓶（易碎）保存的样品，应将样品移装至塑料瓶等不易碎的保存瓶中。运输时，与运输人员沟通清楚，包括低温保存、具体路径、途中摇晃或损坏程度、抵达实验室时间等，以确保样品的安全送达。所有样品包应当放入一个耐用的、密封的箱子里。

第三节　小龙虾常见疾病的防治

疾病的发生是小龙虾养殖中不可避免的问题，虾病的防治应立足于“预防为

主，防治结合”的八字方针，一旦发病，要及时做到清除传染源、切断传染途径、改良水环境、控制病害的爆发流行等。针对小龙虾的寄生虫类疾病，通常是浸泡消毒、改善水质；对于细菌类疾病，常见的治疗方法是“内服加外用”，“内服”即服用杀菌药物，“外用”则是更换新水、改善水质；而对于病毒性疾病，目前尚无有效的治疗方法，主要是预防为主，定期检测，做到早发现、早预防。关于具体的几种危害性较大的疾病的防治措施，本节结合笔者的经验和研究结果对其加以概述。

一、烂鳃病的防治

（一）病因

多种弧菌、真菌大量侵入。

（二）症状

小龙虾鳃部发黑、局部霉烂、缺损不整齐，严重时引起病虾死亡。此病一般都发生在水质不清洁、溶氧量低、池底有机质较多的池塘中。

（三）危害

影响小龙虾的摄食和生长，一般在蜕壳或低氧死亡，死亡率为20%～30%。

（四）防治

①及时清污换水；②全池泼洒二氯海因0.1～0.2 mg/L，隔天再用一次；③综合内服维生素、黄连素、蜕壳素等；④严重时，全池泼洒聚维酮碘（有效碘100%）0.2 mg/L，连用两次。

二、烂尾病的防治

（一）病因

点状气单胞菌感染。

（二）症状

病虾尾部有水疱，边缘溃烂、坏死，随着病情的恶化，由边缘向中间溃烂，严重感染时，整个尾部溃烂掉落。

（三）危害

主要危害虾苗、种虾。

（四）防治

①运输和投放虾苗虾种时，禁止堆压和损伤虾体；②饲养期间，饲料要投足、投

匀，防止因饲料不足而造成的相互争食或残杀后果；③全池泼洒茶粕 15～20 g/m^3 水体；④严重时全池泼洒强氯精等消毒剂，连用两次，隔天再用一次。

三、出血病的防治

（一）病因

由气单胞菌感染。

（二）症状

病虾体表布满了大小不一的出血斑点，特别是附肢和腹部，肛门红肿，一旦发病，很快死亡。

（三）危害

发病率高，幼虾死亡率较高，大虾死亡率相对较低。

（四）防治

发现病虾要及时隔离，并小龙虾池水体整体消毒。水深 1 m 的虾池，全池泼洒生石灰 20 kg/亩，最好每月泼洒一次。

四、纤毛虫病的防治

（一）病因

聚缩虫、单缩虫、累枝虫和钟形虫等纤毛虫寄生。

（二）症状

累枝虫和钟形虫等纤毛虫附着在虾和受精卵的体表、附肢、鳃上，妨碍虾的呼吸、游泳、活动、摄食和蜕壳，影响生长发育。病虾在早晨浮于水面，反应迟钝，行动迟缓，对外界刺激无敏感反应，大量附着时，会引起虾缺氧而窒息死亡。

（三）危害

少量寄生时，对小龙虾影响不大，但大量寄生时，小龙虾不摄食，不蜕壳，生长受阻，可引起小龙虾死亡。

（四）防治

①彻底清塘消毒，加注新水，降低水的有机质含量，保持水质清新；②常采用池底改良活化素、光合细菌、复合芽孢杆菌改善水质和底质；③合理投饵，促使虾蜕壳；④用 3%～5%食盐水浸泡，3～5 天 一个疗程；⑤用 15～20 mg/L 生石灰全池泼洒，连续 3 次，使池水透明度提高到 40 cm 以上；⑥茶籽饼浸泡后全池泼洒，浓度

为 10～15 mg/L，促使虾蜕壳，蜕壳后换水。

五、细菌性肠炎病的防治

（一）病因

肠型点状气单胞菌感染。

（二）症状

病虾食欲降低，行动缓慢。拨开肠道，可见肠壁发炎，局部出现断层，肠内无食物，黏液较多。

（三）危害情况

发病及感染率高，发病严重时死亡率高达 90%以上。

（四）防治

①发病初期用 1 mg/L 漂白粉全池泼洒，或将病虾浸泡在 10 mg/L 浓度的漂白粉液 5～10 分钟，消毒养虾工具；②对于不摄食的病虾，可每天全池泼洒红糖，并换水调水，坚持 14 天。

六、水霉病的防治

（一）病因

水霉菌感染。

（二）症状

病虾伤口部位长有棉絮状菌丝，虾体消瘦乏力，行动迟缓，摄食减少，伤口部位直至溃烂蔓延。在体表形成肉眼可见的“白毛”，严重者死亡。小龙虾在捕捞、运输、水质恶化、体质虚弱等情况下均易感染此病。

（三）危害情况

该病主要发生于水环境恶化或水温较低（9～15℃）时，特别是阴雨天。危害程度相对较轻，但水霉病严重时可造成小龙虾死亡。

（四）防治

①在捕捞、运输、放养等操作过程中小心仔细，不要让小龙虾受伤，虾苗进池后，可泼洒适量漂白粉、二氧化氯等，具体依虾体状况和养殖环境定量；②用生石灰彻底清塘消毒；③在蜕壳高峰期增加动物性饵料投喂量，减少同类互残；④用 3%～5%食盐水溶液浸泡 5 分钟。

七、弧菌病的防治

（一）病因

细菌性弧菌感染。

（二）症状

患病虾体质虚弱，活动缓慢，食量减少，螯无力。

（三）危害

对小龙虾危害性极大，且容易感染，后期难以控制。

（四）防治

①定期处理池塘底部的有机碎屑；②适当加大换水量，改善养殖水质，加大溶氧，供应足够的优质饲料；③轮换搭配内服乳酸菌、免疫多糖、毒素吸附剂以及中草药护肝产品。

八、软壳病的防治

（一）病因

一是是放养密度过大；二是长期投饵不足或营养不足；三是换水量不足或长期不换水；四是有机磷农药等有害物质抑制几丁质的合成；五是池塘水质老化，有机质过多，pH 低。

（二）症状

患病虾的甲壳薄，明显变软（非正常蜕壳引起），与肌肉分离，易剥离，活动减弱，生长缓慢，体色发暗。

（三）危害

小龙虾的生长速度受到影响，体长和体重明显小于正常虾，严重者有死亡现象。

（四）防治

①适当加大换水量，改善养殖水质，供应足够的优质饲料；②施用复合芽孢杆菌 250 mL/亩（水深 1 m），促进有益藻类的生长，并调节水体的酸碱度；③全池泼洒池底改良活化素 20 kg/亩（水深 1 m）。

九、白斑综合征的防治

（一）病因

白斑综合征病毒感染。

(二)症状

病虾活力下降,附肢无力;有些有鳃黑;胃肠道空,有一段呈青色;蜕壳困难,新壳明显;病虾头胸甲外壳内侧有白点。

(三)危害

小龙虾的感染率和死亡率极高。

(四)预防措施

年年清塘、消毒彻底;控制放苗密度;提早投喂精饲料;调控好养殖水质,定期泼洒氯制剂或微生物制剂;移植培育好水草,改善养殖池底质;用大蒜素或抗菌药物拌饲投喂。

(五)控制措施

①及时清除病死虾,并深埋处理;②捞出的虾不可回塘;③将饲料与大蒜素按照 50∶1 的比例拌匀投喂 7 天;④停药 5 天后,底质改良一次。

十、生物敌害的防治

对小龙虾有影响的生物敌害主要有水蛇、青蛙、老鼠、乌鳢等凶猛鱼类、鸟类等。具体防治措施:①建立防逃设施,如铁皮、围网等,并经常维护检查,若虾池中发现有凶猛鱼类活动,要及时捕杀;②进水口严格过滤,防治敌害鱼类及鱼卵进入池内,进水口要设置滤网,如发现池中有敌害鱼类及鱼卵,可用鱼藤精进行消杀,用前需检测水体溶氧;③一些家禽也是小龙虾的敌害,比如鸭子等;④由于多数鸟类是自然保护对象,唯有用恐吓的办法进行控制,可用稻草人或用有色拦网等;⑤对于水蛇、青蛙、水蛔和老鼠等敌害,在积极预防的同时还要采取"捕、诱、赶、毒"等方法处理。

十一、小龙虾生命健康评价

在小龙虾各个阶段养殖过程中,定期对小龙虾进行健康测试,是小龙虾安全生产管理中重要的一环。

首先,观察小龙虾外观及其周围环境。具体包括小龙虾的体表状况、性别发育、蜕壳周期等,还有气候、水质、池塘四周等变化;根据小龙虾粪便条、活动和行为确定小龙虾的日投喂量;及时清除病弱个体。

其次,进行解剖学、组织学和细菌学观察。观察小龙虾幼体生长状况与健康相关特征(清洁、摄食行为和消化等);通过 H. E. 染色技术显微观察幼体和机体组织的健康状况;采用基础细菌学方法了解池中微生物的多样性,检测引起小龙虾发病的可能病原，做到早预防。

再次，采用分子生物学技术和免疫诊断方法。免疫诊断检验法、聚合酶链式反应(PCR)等可对病虾进行灵敏、快速、准确的筛检。

第四节　科学用药

药物选择正确与否直接关系到疾病的防治效果和养殖效益。为使患病小龙虾尽快好转和恢复健康，减少经济损失，选择高效、速效和长效的药物，用药有效率应达到70%以上。

药物的安全性主要表现在3个方面：一是药物在杀死或抑制病原体的同时，对小龙虾本身的毒性损害程度要小，比如有些药物虽然效果好，但因毒性太大而不得不放弃，折中选择疗效居次、毒性作用较小的药物；二是对水环境及其微生态结构的破坏程度要小；三是对人体健康的影响要小，在小龙虾被食用前需有一个停药期，并禁止使用禁用药物，特别是对确认有致癌作用的药物（如孔雀石绿、敌敌畏等），应坚决抵制。

小龙虾患病后，首先应进行科学诊断，根据病因确定治疗药物；其次多做比较，尽量选用低成本药物；再次结合养殖水域情况，选择疗效好、见效快、安全方便的用药方法，充分发挥药物的效能。

一、常规用药方法

(一)局部药浴法

即挂袋法，就是将药物放在自制布袋或纸滤袋里挂在投饵区中，形成一个局部药液区。当小龙虾进入食区或饵料台时，便起到消毒灭菌的作用。通常要连续挂3天，常用药物为漂白粉、中草药。除了投饵区，还有靠近低质的深层水体和池塘四角等，都会病菌繁殖。

此法只适用于预防及疾病的早期治疗。优点是用药量少，操作方便，没有危险及副作用小。缺点是杀死病原体不彻底，因只能药浴附近的病原体。

(二)浴洗法

将小龙虾集中到较小的容器中，放在特定配制的药液中进行短时间强制浸浴，达到杀灭小龙虾体表和鳃上病原体的目的，常用药物为聚维酮碘、盐水等。此法适用于小龙虾苗种放养时的消毒处理。

优点是用药量少，准确性高，不影响水体浮游生物生长。缺点是不能杀灭水体中的病原体，常用作配合转池或运输前后预防消毒用。

(三)泼洒法

根据小龙虾的病情和池塘总水量计算待用药品剂量，配制好特定浓度的药液，向虾池内慢慢泼洒，使池水中的药液达到一定浓度，从而杀死小龙虾身上及水体中的病原体，常规药物如一些杀菌药等。

优点是杀灭病原体较彻底，预防、治疗均可。缺点是用药量大，易影响水体中浮游植物的生长。

(四)内服法

内服法是把治疗小龙虾疾病的药物或疫苗渗入小龙虾喜欢吃的饵料中，供虾摄食，起到杀灭体内病原体的作用。这种方法常用于预防、或病发初期，而且虾还要有食欲，否则病虾失去食欲，便起不到作用。

Manfrin 等(2016)通过将水/油/水微乳液包埋在胶状基质中，成功使小龙虾将 D-甲壳类高血糖激素亚型(D-Phe-CHH)口服，给予 CHH 后，第 6 小时无眼柄虾和第 5 小时未受影响的小龙虾的血糖水平均有显著升高，推测其有触发高血糖的作用，该肽经水/油/水微乳剂使小龙虾成功口服，其生物活性已得到证实。而在甲壳动物中，表达多肽的配方乳剂可以调节动物的生长和繁殖。

此外，与药物注射或其他侵入性技术不同，内服药物的研发对甲壳类动物而言是一个不断发展的研究领域，是传递体内元素的一种最有效方式，而这一领域的发展也为乳剂的应用提供了巨大的市场潜力。

二、化学药剂的使用及管理

在生产过程中，不可避免地会用到化学药品(如消毒剂、水质改良剂，治疗性药物如抗生素、激素等)，它们能够提高生产效率和减少其他资源的浪费。不过，这些化学药品的有效使用与保存，应当是小龙虾生产场标准操作程序整体的组成部分。

化学药品必须以负责任的方式使用，因为它们可能对人类健康、水生生物、生产系统和自然环境带来潜在的危险，尤其是对生物群落、天然水生生物群落多样性的干扰比较严重。因此，必须对员工进行充分培训，包括如何正确地操作化学药品(如数量、持续时间和处地条件)、在什么样的特定场合下使用化学品、什么是最适合的使用量、使用化学药品的目的、错误使用化学药剂的危害性等基本知识。

养殖生产中使用化学药品需讲究安全、高效的原则。此外，因我国渔用药物的生产品牌复杂，有效药物的质量和数量并不统一，涉及生产操作中提到的药物使用量，应在实际使用前，对化学药物及药物安全使用量进行测验。

三、建立和健全休药期的管理制度

根据《中华人民共和国农产品质量安全法》和《无公害农产品管理办法》(2002)对小龙虾养殖过程中使用的药物实行休药期管理。休药期，指最后停止给药至小龙虾作为食品上市出售的时间间隔，经过休药期，暂时残留在动物体内的药物被分解至完全消失或对人体无害的浓度。

(1)养殖场要建立健全药物购入记录，详细记录药物生产企业名称、地址、品名、规格、批准文号、产品批次、生产日期、有效期等。

(2)养殖场技术人员要详细阅读和掌握药物标签或说明书，做到用法、用量准确，防止使用过量造成更大的药物残留。

(3)要准确确定休药期，结合最后用药时间，出场时间，小龙虾的生长状态和药品休药期，确定停药期。

(4)实施销售台账管理。要及时向当地动物检验检疫部门申报，检疫合格后出售，并积极配合业务主管部门的药物残留检测工作，形成良好的管理工作秩序。

第五节　深圳市场小龙虾质量安全抽检调查

2018 年 7 月 2 日至 8 月 27 日，深圳市农产品质量安全检验检测中心对深圳 6 家批发市场、9 家农贸市场、6 家商场超市实施抽检，共抽检小龙虾样品 46 份，经检测，全部样品符合国家有关标准，样品总合格率 100%。具体信息详见表 10-1。

表 10-1　深圳市场小龙虾质量安全抽检情况

样品编号	样品名称	检测项目	检测结果	检测要求	结果判定
S180019-1	小龙虾	镉、氯霉素、硝基呋喃代谢物(AOZ、AMOZ、AHD)	镉 0.023 其他未检出	≤0.5	合格
S180019-2	小龙虾	镉、氯霉素、硝基呋喃代谢物(AOZ、AMOZ、AHD)	镉 0.010 其他未检出	≤0.5	合格
S180019-3	小龙虾	镉、氯霉素、硝基呋喃代谢物(AOZ、AMOZ、AHD)	未检出	/	合格
S180019-4	小龙虾	镉、氯霉素、硝基呋喃代谢物(AOZ、AMOZ、AHD)	未检出	/	合格

续表

样品编号	样品名称	检测项目	检测结果	检测要求	结果判定
S180019-5	小龙虾	镉、氯霉素、硝基呋喃代谢物(AOZ、AMOZ、AHD)	未检出	/	合格
S180019-6	小龙虾	镉、氯霉素、硝基呋喃代谢物(AOZ、AMOZ、AHD)	未检出	/	合格
S180019-7	小龙虾	镉、氯霉素、硝基呋喃代谢物(AOZ、AMOZ、AHD)	未检出	/	合格
S180019-8	小龙虾	镉、氯霉素、硝基呋喃代谢物(AOZ、AMOZ、AHD)	镉 0.058 其他未检出	≤0.5	合格
S180019-9—S180019-47	小龙虾	镉、氯霉素、硝基呋喃代谢物(AOZ、AMOZ、AHD)	未检出	/	合格

第十一章　养殖常见问题专题

一、小龙虾种虾投放，时机选择是窍门

种虾的挑选和投放时机，直接关乎到苗子的质量和产量，也关乎到小龙虾养殖的效益。根据杂交优势理论原则，种虾应选择不同地域的雌雄虾作为优质亲虾，比如湖北雌虾和江苏雄虾、安徽雌虾和湖北雄虾等交配。小龙虾交配属于一妻多夫制，性成熟期间，若不及时将雌雄个体分开，对于自繁自养的老塘口就会造成祖孙回交、近亲繁殖的不良后果。

目前，不管是稻虾共作还是池塘精养模式，大多数小龙虾养殖户都会选择每年的 8～10 月份投放种虾，究竟对不对？其实，根据我们团队调查，在每年的 5 月底到 6 月初雌虾开始性发育，而雄虾却基本性成熟，甚至个别虾已开启交配行为。可是捕大留小的习惯性做法，让发育良好的种虾早早的进入了餐桌，而 8～10 月份那些生长发育迟缓，体质和活力先天性不足的弱势虾却留为种用，这种做法明显不符合选种的原则，也违背了自然法则。

据有关研究报道，有人在 8 月份通过把 4 尾雌虾和 2 尾雄虾亲本放在一起试养，一段时间后，在 2 只雌虾体内的纳精囊中竟检测出 4 种不同来源的精子，说明雌虾在试验前至少与其他两尾雄虾发生过交配行为。因此，种虾挑选时间应提前到每年的 5 月底 6 月初，此时的种虾马上要进入交配期。如果此时选择不同地域、个体大、生长快的小龙虾作为种虾来源，将雌雄个体分开暂养，8 月中旬再按雌雄比例 2∶1 集中混养，让其自由交配，利用杂交优势原理，完全可以达到高产高效目的。

二、养殖小龙虾，你的饲料投对了吗

众所周知，虾的生长靠投喂，但养虾关键在养水。“养水”有 3 方面含义：一是满足虾生存、生长的最佳条件，二是提高天然生产力水平，三是使净化能力最大化。

小龙虾科学投喂方法：一是依时节投喂，水温达到 8℃以上时即开始投喂；二是根据小龙虾的生物习性和摄食特点，上午和下午的投喂量比应控制在 1∶3 较为

适宜；三是坚持定时、定点、定质、定量的“四定”方法投喂，根据季节、天气、水质、虾的生理状况而适度调整。

饲料投喂过量会导致：一养殖成本加大和资源浪费；二是有机质沉积过多，养殖水环境极易恶化，破坏了水体平衡，加快加重底泥产生；三是微生物滋生，耗氧量加大，降低了水体净化能力；四是有害微生物引发小龙虾疾病；五是富营养水质排放会对湖泊、河流等造成污染。

大多数养虾人认为小龙虾投饲率为5%～8%，究竟对不对？笔者10月份在广东通过多次试验发现，七八钱小龙虾的投饲率为2%左右，恰到好处，如果按5%投喂会造成严重的饲料浪费。因为小龙虾与其他虾类不同，含肉率只有13%左右，加上外塘也有天然饵料，所以按照广东的气候，10月份投饲率2%为宜。

当然每年的四五月份是小龙虾快速生长的关键阶段，这段时间非常有必要把投饲率提高到5%，但是其他时间应控制在2%以内。

三、如何识别小龙虾是否抱过卵

对于小龙虾是否产过卵的识别，通常有3种方式：①可通过观察雌虾腹部附肢的长度和分叉程度，一般产过卵的小龙虾的附肢较未产卵的虾要长，分叉程度要大；②检查雌虾尾部松紧度，手压瘪感为产过卵；③剥开头胸甲部查看卵粒发育程度，明显有成熟卵粒的说明尚未抱过卵。

四、如何判断雌虾是否有交配

经调查，有人认为已交配虾的腹部纳精囊上方有两块黑色区块。不过笔者发现，有些已交配虾并未有黑色区块出现，猜测1可能是交配后短期内会出现黑色区块，时间一长，黑色区块便会消失或恢复正常体色；猜测2是雌虾交配次数过多，导致黑色区块出现；猜测3是雌虾抱卵次数过多(2～3次)，会有黑色区块产生。

五、如何判断受精卵

有人认为受精卵的颜色是紫黑色的，黄色卵粒是未受精的卵，笔者认为未必，其实，我们在试验发现黄色卵粒同样可以孵出小虾苗，而且孵化时间和卵粒数均与黑色卵粒的小龙虾相差无异，但黄色卵粒孵化出的虾苗和黑色卵粒孵出的虾苗究竟谁长得快？这个问题有待进一步研究。

六、关于池塘青苔的问题

青苔是水绵、水网藻、刚毛藻等丝状藻类的组合体。青苔在16℃左右形成繁殖优势，一般发生在2～4月份，一旦水瘦、水静、光足，青苔就会爆发生长，甚至封塘。少量的青苔对小龙虾有好处，过量的青苔会影响虾塘的生态环境，而且会疯狂吸收水体的营养成分，导致水体偏瘦。同时，青苔死亡分解产生的有害物质，会引起水质发黑发臭，容易导致小龙虾中毒死亡。

防除方法：①泼洒抑青苔生物菌剂；②石膏、草木灰兑水泼洒；③菜籽饼、茶籽饼发酵兑水泼洒；④腐制酸钠泼洒；⑤生石灰消除；⑥人工打捞。

七、如何防控蓝藻

在浮游植物中，蓝藻是简单、原始的单细胞生物，没有细胞核，通常呈颗粒状或网状，色素均匀分布在细胞质中。在气温较高、光照较好、水温20～30℃时，蓝藻生长迅速（方爱红等，2008）。

（一）蓝藻爆发原因

1. 水体中氮、磷比例失衡。当水体中总磷与无机氮浓度分别达到0.02 mg/L、0.3 mg/L，氮磷比例为15：1，水体呈富营养化时，会引起蓝藻爆发。

2. 气候影响。水温在26～31℃，蓝藻生长速度最快；光照强度过强，加速蓝藻分裂生长；面积较小的塘口，藻类易受微风影响而聚集一起。

3. 日常管理。水源可能存在蓝藻藻种，若水体营养不平衡，有益藻不形成优势，水体微生态失衡，都会促进蓝藻快速生长。

（二）蓝藻过多的危害

1. 耗氧。蓝藻形成水华会抑制其他藻类的光合作用，阻隔空气中的氧气进入水体，严重降低水体溶氧。

2. 破坏水体稳定性。其他藻类竞争力弱，加水无法进行光合作用，不能合成本身所需要的营养物质而死亡，导致原来健康的生态系统失衡。

3. 产生毒害物质。蓝藻死亡产生蓝藻毒素，释放羟胺及硫化氢等有毒有害物质。

（三）蓝藻防治

蓝藻爆发的主要原因是水体富营养化，控制蓝藻的发生最根本的是要平衡氮磷比例，合理使用肥水、调水产品。在小龙虾养殖中，要根据天气和吃食情况合理投饵，经常调整投饵量，尽量避免饵料过剩。对于蓝藻的防治，笔者推荐采取综合防治措施：

1. 曾发生过蓝藻的池塘，干塘后，用生石灰60 kg/亩全池泼洒，能有效抑制蓝藻繁殖；

2. 及时打捞、换新水，天气闷热或阴雨天时及时增氧；

3. 利用水生植物如伊乐藻、水花生等，净化富营养化水体，有效吸收水体中的氨氮、COD、总氮和总磷等，凝聚和阻挡水中的高分子有机物和悬浮物，降低水的浑浊度；

4. 适时培育绿藻和硅藻等有益藻类抑制蓝藻生长，从而改变蓝藻过度繁殖的状况，达到控制蓝藻爆发的目的；

5. 利用氧化细菌、硝化细菌和反硝化细菌之类降解水中的氨氮和有机物，水中添加复合微生物，加快利用水中氮、磷及有机污染物，从而形成微生物-浮游生物-水生动物的生态系统；

6. 水体中泼洒硫酸铜及其络合物，强氧化剂如高锰酸钾、臭氧、过氧化物及高铁酸盐，可在下风口蓝藻聚集处进行局部杀藻；

7. 蓝藻大量死亡时，可添加活性炭，吸附藻毒素。

八、小龙虾养殖如何科学补钙

养殖过程中小龙虾和藻类对钙需求量大，因此，补钙是个长期功课。

①定期检测水体中的钙、镁总量，保持钙、镁离子比例为(2～3)∶1；

②水体中需添加可溶性钙、镁离子，否则就是沉于泥底，根本不起作用；

③根据蜕壳频率及时补钙，虾苗期每隔 5～7 天补钙一次，随着虾不断地长大，蜕壳频率逐渐降低，每隔 15～20 天补钙一次。

九、为什么稻田出苗比精养池塘时间早、数量多

主要原因是稻虾连做水低浅、水温高，稻田提供亲虾掘洞的面积大，田里的底栖生物饵料丰富，且适口性好。这些有利因素促使小龙虾的抱卵虾多、出苗多，苗子生长速度快，出苗时间明显比精养池塘提早。相反，精养池塘水位深、水温低，亲虾性成熟迟，虾苗生长发育慢，但品质好，成活率高。

十、如何正确施用生石灰

生石灰是无机盐类中最常用的一种消毒药物，与水反应会释放巨大的热量，并使呈强碱水体，杀灭病害微生物和野杂鱼虾。随着生石灰的碱性把水体的 pH 提高以后，它便能够与水里的一些重金属离子相结合，达到减轻水体毒性的目的。

目前，在水产养殖中，生石灰是最常用、最广泛的消毒药，但是生石灰究竟是如何使用，其用量多大？笔者为了研究生石灰对小龙虾水体 pH 的影响，曾试验发现，测试 1 kg 水体的 pH 的变化，发现在 pH 为 7.0 时，加入 0.03 g 生石灰以后，

pH 马上上升到 9.0；再加 0.5 g 生石灰以后，pH 又上升到 14.0。

在实际养殖过程中，水体的 pH 不宜超过 9.0，为此，笔者按 1 亩 666 m^3 水体计算，所需生石灰为 666×1 000×0.03 g＝19.98 kg。

但是在清塘消毒时，为了杀灭有害微生物和野杂鱼等，在塘底水深低于 20 cm 情况下，计算出生石灰的用量为 60 kg 以上。

此外，生石灰过高会使土壤中的有机质快速流失和腐殖质的减少，进而降低土壤的肥力。值得注意的是，生石灰不宜长期存放，因为生石灰存放时间长，它会慢慢吸收空气中的二氧化碳和水分，使其变成碳酸钙和碳酸氢钙，失去了消毒作用；另外，也不能与漂白粉、硫酸铜等混合使用，降低消毒效果。

十一、如何鉴别小龙虾年龄

很多外塘养殖户，因不清塘或未清理干净，造成池塘中老虾（2 龄或 3 龄）存在，一方面会影响种质退化，另一方面会导致抱卵率和孵化率低，影响产量和效益。那么如何识别不同年龄的虾，可见表 11-1。

表 11-1　不同年龄小龙虾的外壳外观变化情况

外观	1 龄	2 龄	3 龄
壳的颜色	青色、部分浅红色	红色、或黑色	黑红色、或蓝紫色
螯	青红色	红色、或黑红色	黑红色、或深蓝色
螯上斑点	橙黄色、或浅红色，斑点较小	深红色，斑点适中	深红色、或橙黄色，斑点较大
尾部颜色	橘黄色	红色	黑红色
尾扇	分节不明显，两节颜色为浅红色，两节不透明	分节不明显，两节颜色为红色，两节不透明	分节明显，颜色为黑红色，末节较透明

十二、如何应对小龙虾应激

（一）为什么会应激

应激是小龙虾机体对外界刺激产生的剧烈的生理反应。由于小龙虾是非特异性免疫的生物，在外界刺激譬如中毒、温度变化、饥饿、缺氧、长途运输等打乱了机体平衡，从而过度消耗机体能量，导致小龙虾免疫能力下降、机体功能衰退或者器官发育受阻等等。症状表现为：活动和反应能力下降、体质虚弱、肠炎、肝脏病变等。小龙虾常见的应激有：

(1)环境变化，如水化变化（如氨氮、亚硝酸、硫化氢、溶氧、pH、盐度、水温、光照等的突升或突降)、水浑、倒藻。

(2)药物使用不当,如消毒剂(漂白粉、二氧化氯、溴氯海因等)、虫杀藻剂(硫酸铜、氯氰菊酯、阿维菌素)、底质改良剂(聚合铝、腐殖酸钠、活性炭)。

(3)操作不当,如增氧机搅水、加水、捕捞、灯光、人员走动。

(4)生理应激,如饥饿、蜕壳、敌害(鱼、蟹、龟、鸟)。

(5)剧烈气候变化,如暴雨、台风、转风等。

(6)人为过度干预。

(二) 如何减少应激

1.天气变化应激

(1)水位。水位加深,水体总量增多。

(2)藻类结构。培养小型绿藻及硅藻来稳定水质(黄褐色或浅绿色)。

(3)益生菌。泼洒益生菌,促进水体有机质分解和藻相调节。

(4)水草。定期修剪、去除顶端优势。

2.加水应激

(1)加水时用小水流,或者加垫棉布等过滤物以缓冲水流冲击。

(2)避免一次性加水过多,分为几天进行均匀提升水位,避免因压强变化过大引起小龙虾应激。

(3)可用多元有机酸等解毒物质,避免新加入水中可能含有的有毒物质对小龙虾的应激反应。

(4)使用益生菌,丰富水体生物多样性,提高水体稳定性。

(三)捕捞应激

捕捞虾时,如果操作不当,会使小龙虾极易受伤,引起应激反应,所以起捕时要轻拿轻放、泼洒抗应激药物,减少应激反应。

(四)进苗应激

关于进苗应激的处理,前面章节已经详述,此处不再赘述。

十三、葡萄糖的好处

水产养殖中,葡萄糖是一种较为优质的单糖,易溶解,易吸收,可用于培育和激活菌种。在小龙虾养殖阶段,随着时间的延长,池塘水体中可溶性的糖会而逐渐减少,并持续维持在一个较低的水平上,而碳源缺乏又会导致水体碳氮比例失衡,多数微生物不能正常生长。而葡萄糖既可为小龙虾提供大量能量,增强体质,又可为水体补充碳源物质，促使有益微生物生长。此外，还有其他作用：

①葡萄糖在应激状态下可用于 ATP 的紧急合成，提高机体的抗应激能力，有效缓解捕捞等作业中机体受到的应激反应；

②对小龙虾而言，葡萄糖具有解毒作用，可增强机体的抗病力、免疫力，延缓机体老化；

③有效补充机体生长所需的碳源及能量，防止水分流失，提高运输成活率；

④配合生物制剂泼洒，可加快水质的改良，缓解池塘水质恶化；

⑤治疗小龙虾软壳等病症。

十四、小龙虾蜕壳死亡原因及预防对策

蜕壳是小龙虾生长和发育的生物节律，贯穿其个体发育的始终。幼体通常是 3～5 天蜕壳一次，后期幼体的蜕壳周期为 5～8 天，发育早、水温高（27～29℃）、食物充足，则蜕壳周期会缩短。据统计分析，小龙虾因蜕壳导致的死亡率高达 10%～20%，是继发病感染死亡之后的第二大杀手。

在小龙虾养殖中，蜕壳是生与死的考验。小龙虾蜕壳只有在适宜的环境中才能正常进行，如浅水、弱光、安静、水质良好和营养全面等。

（一）蜕壳死亡原因

观察发现有些虾死亡后通体柔软，也有些虾头胸甲或螯部外壳无法蜕出，表明上看是蜕壳未遂、能量耗尽，其实有多种因素的影响。

1. 池塘设计

养殖池塘要求池埂有一定的坡度（坡比一般为(1∶2)～(1∶3)），并设置浅水平台，以适应小龙虾的摄食与蜕壳生长，池埂无坡度或坡度小，小龙虾生活于深水水域，水压大，光照强度弱，影响其蜕壳生长，即使蜕壳，也因水压大，溶氧低而造成死亡。

2. 敌害

一些养殖池内虾密度较大，难免会混入一些肉食性鱼类，因此蜕壳后遭到未蜕壳的虾攻击和肉食性鱼类的捕食时无力抵抗，撕吃软壳虾现象时有发生。岸上的老鼠和飞鸟等也会袭击软壳虾。

3. 密度过大

小龙虾养殖密度过高，会互相干扰虾的蜕壳，加上种内斗争剧烈，极易造成应激，引起蜕壳不遂。

4. 病菌感染

细菌引起：养殖池塘要求水体保持清洁，无沉淀和碎屑，这些都是细菌生长的

温床，小龙虾细感染后会附生在病虾鳃上并大量繁殖，阻塞鳃部的血液流通，影响呼吸，严重的鳃丝发黑、霉烂。病虾浮于水面，行动缓慢，反应迟钝，厌食，导致小龙虾无法安全度过蜕壳期而死亡。

病毒引起：养殖虾要求严格检测，病虾及时隔离并对水体消毒，病虾感染病毒后会厌食，行动迟缓，应激性下降，导致无力，体质虚弱，又极易感染到正常虾，蜕壳期的虾无法蜕壳，蜕壳未遂而死亡。

纤毛虫感染：纤毛虫附着在虾体表、附枝及鳃上，大量附着在鳃部时，会影响其蜕壳等生命活动，导致鳃部损伤，影响呼吸，使得虾在蜕壳时缺乏氧气交换而引起缺氧死亡。

5. 能量需求

养殖过程中缺乏必须的能量物质，如糖类、脂肪酸等，会导致小龙虾生长缓慢，消化下降，摄食量减少，体质虚弱而无力，严重影响蜕壳生长；小龙虾在蜕壳时的爆发力消耗大量的体力，否则会导致虾在蜕壳时因爆发力不足，引起蜕壳未遂死亡，或者勉强蜕完壳，却因体力不支而引起死亡。

6. pH

小龙虾蜕壳的适宜 pH 为 7～9，最适 pH 为 7.5～8.5，池水 pH 小，偏酸性，导致甲壳软化，不利于钙质吸收，影响蜕壳生长；pH 大，偏碱性，钙质等虽可吸收，但甲壳坚硬，也不利于小龙虾蜕壳生长。

7. 溶解氧

小龙虾长期生活在低氧环境，影响其摄食、消化和吸收，易导致小龙虾厌食症，营养吸收不良，体质下降，小龙虾会不蜕壳、延缓蜕壳或蜕壳未遂而死亡（刘栋梁等，2020）。

8. 光照强度

水体需要种植一些挺水水草，利于遮挡强光，也利于附着和攀爬，小龙虾对光线较为敏感，光线太亮会引起小龙虾性早熟，生长缓慢，外壳提早发红，蜕壳难度加大，导致小龙虾不退壳或延缓蜕壳。

9. 水温

小龙虾蜕壳的适温为 19～30℃，最适水温为 25～28℃。池水水温过低，小龙虾会延缓蜕壳，甚至不蜕壳；水温过高，会使小龙虾蜕壳难度加大，增加蜕壳的危险性；温差变幅大极易导致蜕壳期的小龙虾出现应激反应而死亡。

10. 人为因素

一些养殖户在小龙虾生长期间错用、误用杀虫剂、杀菌剂，使得虾蜕壳后遇到

药物刺激时不能适应而死亡。还有不少养殖户在进行杀菌、病毒的操作过程喜欢用抗生素，抗生素容易引起疾病的复发，而传统的消毒剂具有刺激性且低效，也会使蜕壳的虾受刺激而死亡。

（二）预防对策

1.池塘设计

池埂坡比为（1∶2）～（1∶3），设有蜕壳浅水区。小龙虾在蜕壳期会爬到浅水区，一方面，浅水区水压低，蜕壳压力小；另一方面，浅水区溶氧比深水区高，可以在蜕壳期能及时补充氧分，防止因缺氧造成死亡。另外，池埂坡比设置不易过陡，应尽量减少蜕壳虾爬行到浅水区消耗的能量，同时也要做好防逃防护措施。

2.人工巢穴

放置人工巢穴，可以增加小龙虾的躲藏空间，因为小龙虾蜕壳后需要48小时才能完全恢复，尽管蜕壳完成，但是体质虚弱不能及时恢复，所以增加人工巢穴，可减少游来游去的杂鱼或虾对蜕壳虾的骚扰，有效减少虾蜕壳造成的死亡。

3.增氧

安装增氧设备。目前，国内小龙虾养殖大部分属于“稻虾混养”“鱼虾混养”等养殖模式，很少安装增氧设备，而蜕壳期是小龙虾生命活动的敏感期，需要补充氧气，很多虾因缺氧而蜕壳未遂引起死亡现象发生，所以安装增氧设备可以为蜕壳期的小龙虾及时补充氧分。

4.挺水植物

移植挺水类水草，如轮叶黑藻、伊乐藻和苴草等，是天然植物饵料，可以增加池水溶氧，净化水质，又能修复底质，是小龙虾的栖息蜕壳场所，夏、秋季高温时可降温，控制温差变幅。蜕壳期间，水草可以为小龙虾提供隐蔽场所，防止被其他虾攻击；又可在蜕壳后第一时间为虾补充能量。

5.能量

饲料里拌红糖，可以补充能量物质，提高虾的爆发力，使得虾在蜕壳后很快恢复体力，减少因缺乏能量而造成的蜕壳死亡。红糖是粗提炼的蔗糖，除含蔗糖外，红糖含有生长发育不可缺少的铁、钙、锰、锌、铬等元素，它释放能量快，营养吸收利用率高。小龙虾在蜕壳时的爆发力需要消耗大量的能量，蜕壳后也需要及时补充能量，恢复自身的体力。

6.改底

小龙虾常穴居，在池边水线附近钻洞。生活过程中常在池底寻找食物、爬行等，生长过程中长期与池底接触。而养殖过程中小龙虾投喂量较多，虾的排泄物较多，池底容易积累大量的有害物质、耗氧、产生有毒物质和滋生有害菌，破坏小龙虾的正常蜕壳。为了虾顺利蜕壳，保证蜕壳时鳃部的氧气交换，需要做好日常的改底、护底，以保持底部环境良好。

池塘改底可视情况交替施用氧化分解和活菌类底改产品，轮换使用可有效分解底部有害物质，同时改善底部菌群结构，恢复池塘的自净功能，改善养殖环境，提高养殖成功率。养殖前期可半个月左右改底一次，后期可每周改底一次。

7. 补充钙、磷等元素

定期泼洒补钙产品，促使小龙虾缩短蜕壳周期和顺利蜕壳，提高成活率和产量，当水体中钙含量不足时，常会出现蜕壳不遂、软壳等症状。当然小龙虾蜕壳所需的营养元素不止钙元素一种，磷元素也很重要，所以补钙的同时也需要增加水体中可利用的有效磷的含量，很多养殖户只知道补钙，不补镁和磷，造成虾的营养不全面。

8. 减少应激

减少小龙虾长途运输的时间；减少人为过多的干预；减少抗生素、杀虫剂等药物的使用；防止敌害生物的入侵，营造安静舒适的生长环境。小龙虾在环境发生重大变化时，或出现疾病等情况下，会发生应激性蜕壳。环境发生改变时，及时泼洒抗应激产品，帮助小龙虾顺利渡过不良环境。

十五、小龙虾头大原因分析及预防对策

近年来，大头虾是人工养殖过程中普遍存在的一个问题。据批发商反映，近年来湖北有些地区养殖的小龙虾头部越来越大，且明显大于同纬度其他地区的小龙虾。为此笔者走访调查，发现江苏养殖户大多喜欢投喂玉米，而湖北养殖户则习惯投喂大豆。玉米的主要成分为 8.5％蛋白质，4.3％脂肪，72.2％碳水化合物等；而大豆的主要成分为 36.3％蛋白质，18.4％脂肪，25.3％碳水化合物等。

一方面，大豆中的大分子蛋白质进入小龙虾体内，不能被直接吸收，需经过胰脏内消化酶分解成小分子肽与氨基酸，才能被机体吸收利用；另一方面，大豆里还含有抗营养因子，阻碍机体的消化吸收。小龙虾的肠道很短，消化大量的大分子蛋白质会对其消化系统造成极大的负面压力，引起胰脏肿大，最终导致小龙虾头大。

因此，在小龙虾投喂大豆时应注意两个方面：一是大豆投喂比重不能太高，适当增加动物蛋白；二是大豆投喂前需进行发酵处理（乳酸菌、EM 菌等），使得大分子蛋白变成小分子蛋白，容易被吸收。

十六、小龙虾虾苗差异化现象研究及解决方案

小龙虾虾苗差异化是指虾苗在一定生长周期内，出现生长快慢不一、个头大小不一、体重不一情况。笔者调查发现，所有孵出的虾苗在成长过程中，因各种因素影响都会导致不同程度的差异化现象发生，即便母体同源的虾苗个体也同样存在差异化。

(一)造成差异化现象原因分析

1. 与遗传性状有关

生物性状大都是受遗传基因控制，幼苗生长快慢与亲本遗传性状相关联。在自然界小龙虾为了预防近亲繁殖影响后代，亲虾在性成熟后，一只雄虾往往与多只不同的雌虾发生交配，同样，一只雌虾也往往与多只不同的雄虾交配，因此，雌虾孵出的虾苗必然会携带不同父本基因，基因差异自然决定了虾苗长势差异。

2. 与生物环境有关

小龙虾赖以生存的水体中益生菌和藻类等生物群落对虾苗的生长快慢有着非常重要影响。试验发现在没有足够的益生菌与有益藻类的情况下，室内玻璃缸里的虾苗长势明显不如室外土塘，且个体差异化也明显大于室外土塘。

2019 年 10 月 18 日，取同一只亲虾刚孵出的虾苗[初始体重为(0.06±0.02) g] 100 尾，按 50 尾分两组，分别在室内 9 个小水缸(0.04 m^2)和室外阳台 1 个大玻璃缸(0.36 m^2)里试养，对比发现，虾苗养殖 30 天后出现大小差异，50 天后出现显著差异，室内小水缸 50 尾虾苗最小体重为 0.17 g，最大仅为 0.31 g，平均体重为(0.24±0.04) g；室外阳台添加泥土的大玻璃缸 50 尾虾苗最小体重为 0.2 g，最大为 5.23 g，平均体重为(2.39±1.49) g。与此同时，为了增加可比性，团队于 2019 年 12 月 7 日在广东省和平县小龙虾养殖试验基地，挑选一个面积为 3 亩的藕田，随机捕获同期孵出虾苗 50 尾，试验检测发现其最小体重为 3.6 g，最大竟为 13.4 g，平均体重为(8.5±2.83) g(表 11-2)。

可见，在不同环境下的养殖虾苗，其生长状况南辕北辙。室内清水缸里的虾苗为何生长迟缓，主要是水体中缺乏有益菌、藻类等水生生物，小龙虾无法及时补充有益于调节肠道微生物，导致消化吸收能力减弱，影响虾苗快速生长；而阳台上加有泥土大玻璃缸，一方面，因泥土本身含有少量菌类和藻类，有益于虾苗成长；另一方面，空间较大也是有利因素；广东和平县养殖试验基地虾苗长势最好，主要是藕田里水生生物丰富，天然饵料相对充足，虾苗长势良好。

表 11-2　不同环境对小龙虾生长发育的影响

成分	室内小缸	室外阳台加有泥土玻璃缸	室外藕塘
初始体重（g）	0.06 ± 0.02	0.06 ± 0.02	0.06 ± 0.02
第 50 天体重（g）	0.24 ± 0.04^{b}	2.39 ± 1.49^{ab}	8.50 ± 2.83^{a}

注：同行数据（平均值±标准差）上标字母不同者之间表示存在显著差异（$P<0.05$）。

2019 年 12 月 7 日，笔者试将养殖在室内小缸里的 10 只虾苗转入室外阳台加有泥土玻璃缸里，养殖 15 天后，即 2019 年 12 月 22 日检测小龙虾平均体重为（0.44±0.13）g，平均体重倍增 0.2 g 以上，实验再次印证生物环境对小龙虾生长的重要影响。

3.与开口饵料有关

小龙虾虽然属杂食性，但是其开口饵料十分重要。目前，我国在鱼虾等水产养殖环节中有关开口饵料研究不多，而关于如何选择好的开口饵料，已在第四章第一节讲述，此处不再赘述。

4.与活动空间有关

环境胁迫是指环境对生物所处的生存状态产生的压力，主要指水体突变和活动空间产生环境胁迫。"天高任鸟飞，海阔凭鱼跃"，适度的活动空间无论对畜牧养殖还是水产养殖都有着重要影响。小龙虾属于底栖动物，喜欢生活在水底或者水草丛中游动，若是活动物理空间狭小，环境单一，胁迫压抑会更加强烈。

5.与放养密度有关

虾净产量是收获虾的尾数和每只虾在养殖期间增重的乘积，毫无疑问，适当增加放养密度有利于提高小龙虾的净产量。但对小龙虾而言，密度和产量似乎存在矛盾关系。一方面放养密度过大，虾苗的单位生存空间就会变小，相对竞争力则会增大，活力强的虾苗会快速获取食物，并占据主动，领先于其他虾苗而快速生长，特别是一旦食物缺乏，优势虾苗便会主动攻击其他小虾，造成互相残杀；另一方面虾苗放养密度过低，尽管单位生存空间就会变大，获得性生长增强，生长差异化也会减弱，但是虾净产量仍然难以保证。所以，选择适宜的放养密度，找到密度和养殖环境的最佳结合点，需要养殖户不断地摸索。

（二）解决方案

1.挑选优质种虾

优质种虾本质决定虾苗的孵化率、成活率及后续生长率等指标。优质种虾挑选原则（同第三章第三节）：①提早时间，选择每年 5 月底 6 月初；②优选个体，体型匀称饱满，活力好，无伤残，无疾病；③大小适中，体重在 30～40 g；④性状指标，生长发育速度快于同群，尚未交配的青壳虾；⑤先分后合，雌雄种虾分池饲养，8 月初混养，雌雄比例(2～3)：1。

2.及时捕捞亲虾

亲虾在孵化过程中体内营养消耗过大，孵化后急需补充能量物质，若不及时将其捞出必定残食虾苗，造成幼体成活率降低。

3.提早升降水位

①9 月底降水位趁早使亲虾交配、打洞、产卵、孵化；②升降水位可以在几天时间内反复操作，诱导亲虾交配打洞；③挖洞检查孵出苗后，应提早上水，使虾苗早出洞，早开口，早生长发育。

4.适时虾苗分级

分级养殖是将虾苗定期根据体重大小分成不同级别的养殖方法。鉴于小虾对大虾存在恐惧心理，行为懦弱，行动迟缓原因，对虾苗进行合理分群，构建势均力敌群体，降低个体差异，有利于虾苗的同步成长，有利于提高成活率和产量。根据小龙虾大小标准，分级转塘，把控养殖时间，实现多批次、流水线，做到“大养虾，养大虾，养精品虾”。

5.优化养殖空间

适度的密度和合理的空间对于虾苗培育至关重要。池塘布局上，可在水底摆放扣板、石棉瓦、塑料板、PVC 管，悬挂毛刷等措施，供虾苗躲藏和攀爬；虾苗放养密度以不超过 10 000 尾/亩为宜，养殖面积以 2～3 亩为宜；栽种水草如轮叶黑藻、伊乐藻、小浮萍和菹草等，水草面积不超过池塘面积 40%为宜，池塘水草种植应营造出立体空间有利于增加虾的活动分层。

6.科学合理投饵

在培育虾苗时，前期选择天然开口饵料为最佳，强化虾苗营养均衡，后期搭配人工配合饲料，弥补食量增加。池塘、江河、湖泊、海洋等自然水域中本身存在天然生物饵料，可供小龙虾直接捕食，但是高密度饲养虾苗还需要人工培植，以弥补幼苗消化能力的不足，例如益生菌、单细胞藻类、枝角类、桡足类等。此外，还可人工配制一些高营养饵料，比如鸡蛋、奶粉、打碎的鱼肉、中华田螺、豆浆等。

第十二章　案例分析

案例一

一、地点

湖南株洲渌口区。

二、养殖情况

某养殖户采用藕虾共作模式养殖小龙虾，养殖总面积为300亩，并设置一个蓄水塘和几个莲藕虾塘。池塘近邻湘江支流，周围没有工厂，藕田为农田改造，水源无污染、进排水方便，土质肥沃，黏性壤土。在藕田的四周开挖深1.2 m、宽2 m的环形沟，沟内水位达1.0 m，并在沟内种植小量伊乐藻，四周设0.3 m高度的白色围网，池塘中间全部种植莲藕。

三、存在问题

1. 设计问题：藕田环形沟窄，藕田密不透风，中间没有“井”或“十”字型沟，

2. 管理问题：①蓄水池中蓝藻严重，已引发藕田蓝藻爆发；②福寿螺危害严重；③防逃网形同虚设，多处倒网，或被草丛覆盖，起不到小龙虾的防逃目的。

3. 产量低、效益低。

四、建议

1. 对藕田马上改造，环形沟要扩大，中间要挖“井”或“十”字形沟；

2. 清淤、消毒、除杂、调水；

3. 对蓄水池中蓝藻进行彻底根除；

4. 科学饲养，合理投料，严加管理。

案例二

一、地点

广西贺州。

二、养殖情况

某养殖户采用稻虾共作模式养殖小龙虾，养殖面积 50 亩。河水清澈，此外，当地属喀斯特地貌，矿物质含量高，非常适合小龙虾养殖。

三、存在问题

1. 水体太浅，水体清透，温度上升快，造成青苔很多。
2. 福寿螺特别厉害，水草种植不理想。
3. 产量不高，亩产不到 100 kg。

四、建议

1. 池塘深挖至 1.5 m，种水草、除福寿螺。
2. 调水、肥水。
3. 加强管理，科学饲养。

案例三

一、地点

湖北荆州市公安县狮子口镇。

二、养殖情况

该村养殖户采用稻虾连作养殖小龙虾，养殖面积为 1 000 多亩。本来再养上两个多月便可出售的虾苗，突然接连死亡，死亡率达 90%以上。据当地其他养殖户反映，所有出现问题的虾塘均是用了同一河沟里面的水，水体交叉中毒污染，小龙虾死亡惨重。

三、存在问题

1. 水源头污染，池塘串、并联现象严重。
2. 加水前没有进行水质检测。

四、分析与建议

1. 加强对水源、养殖水体的水质检测，加强信息共享交流。
2. 上游水源可放养哨兵虾。

案例四

一、地点

广东清远市阳山县。

二、养殖情况

某养殖户采用池塘精养模式养殖小龙虾，养殖面积为 200 亩，四周环山，水源为山泉水、无污染，进排水方便，土质肥沃。在田块的四周开挖深 1.5 m、宽 2 m 的环形沟，沟内水位达 1.2 m，并在沟内种植一簇一簇的伊乐藻。

该养殖户上一年 10 月份从湖北挑选种虾进行自繁自养，11 月份孵出虾苗，次年 2 月开始投喂人工配合饲料，每 3 天投喂 1 次，养殖期间并没有出现大的病害。

三、存在问题

1. 虾苗大小不均匀、出苗量低。
2. 肥水不到位、青苔多、水草不足。
3. 中间内梗少，没有内埂。
4. 福寿螺、水鸭、青蛙、老鼠和蛇多。

四、建议

1. 用“个”字形防逃网，内防出逃、外防天敌窜入。
2. 增加内梗打洞面积、提高种虾抱卵率。
3. 孵苗后期应及时捞出种虾，加强饲喂。

4. 定期除害，水鸭单独饲养。

案例五

一、地点

广东河源市和平县。

二、养殖情况

某养殖户采用稻田养虾、藕田养虾模式养殖小龙虾，养殖面积为500亩。2019年6月11日，因当地山洪爆发，损失惨重。

三、存在问题

1. 福寿螺多，水草种植难。
2. 小龙虾产量不高，亲虾孵苗率低。
3. 成虾性成熟早，铁壳虾多。
4. 虾苗孵化时间拉长，或生长缓慢，没有体现出广东的“早回温”优势。

四、建议

1. 加固防洪堤坝，防止自然灾害。
2. 要加深水位，种好水草。
3. 生石灰和茶籽饼配合，清除福寿螺和福寿螺卵。
4. 搭建遮阳棚，降低光照强度。
5. 及时调节水位，诱导亲虾交配、孵化。

案例六

一、地点

湖北潜江老新镇。

二、养殖情况

某养殖户采用稻田养虾、藕田养虾模式养殖小龙虾，养殖面积为30亩，当地水源好、水质好、水草(狐尾藻、伊乐藻等)好，虾苗产量高，达 250～300 kg。

三、存在问题

没有及时分塘，造成虾苗个体差异化大。

四、建议

及时分级、分塘。

后记：非洲猪瘟给小龙虾产业“生物安全”敲响了警钟

非洲猪瘟疫情从2018年8月在中国发现，到今天呈散状暴发流行，疫情给我国生猪养殖业造成了毁灭性的打击。痛定思痛，中国生猪养殖业究竟走过哪些弯路，留下哪些惨痛教训？业界学界多有反思，其中最重要的原因就是养殖户过度依赖疫苗预防作用，忽视养殖环节“生物安全”系统性建设。

近年来，小龙虾“五月瘟”的魔咒始终缠绕在养殖户心头，成了过不去的坎。一方面，小龙虾大量死亡，农民损失惨重；另一方面，小龙虾体内各种病原体、有毒有害物质都有可能通过食物链最终进入人体，引发公共生物安全事件。遗憾的是，至今还没有一个科学和完整的解决方案，大家仍然在头痛医头、脚痛医脚。引发“五月瘟”原因是多方面的，客观原因：气温逐渐上升，引发水体病害微生物极度活跃，阴雨天气压低，造成水体溶解氧下降；主观原因：草料腐败，残饵过多，密度过大，有毒有害物质大量产生，造成水底环境快速恶化，小龙虾抵抗力降低，应激反应加重；直接原因：白斑病毒泛滥，弧菌感染频发，黑鳃烂鳃及水霉纤毛虫病等轮番发病，防不胜防。

其实，养殖环节的疾病预防是一个系统工程，每个环节都非常重要，落实细节，环环相扣，既要建立完善防控体系，从源头抓起，又要大胆应用新技术和新方法，从细节入手。为此，提倡8个原则：一、预防为主原则；二、育养分区原则；三、全程消毒原则；四、苗种净化原则；五、水质管控原则；六、水草管控原则；七、饲料安全原则；八、环保生态原则。

2019年，农业农村部等十部委联合下发的《关于加快推进水产养殖业绿色发展的意见》明确指出“加强疫病防控，落实全国动植物保护能力提升工程，健全水生动物疫病防控体系，加强监测预警和风险评估，强化水生动物疫病净化和突发疫情处置，提高重大疫病防控和应急处置能力。”最近，中央从战略安全高度吹响了“生物安全”号角，作为小龙虾养殖同仁，务必清醒认识、高度重视、警钟长鸣。

动物防疫是人类公共卫生安全第一道防线，如果处置不当，引发消费市场信任危机，那将又是一场毁灭性灾难。2020年伊始暴发的新冠疫情，对我国乃至全球

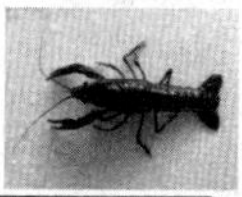

经济带来极大影响，对小龙虾养殖户来说，也注定是一个艰难之年，唯有从危机中转型升级，方能做好小龙虾大产业文章。

最后，祝中国小龙虾产业兴旺发达，祝广大养殖户发家致富！

谭理琦　杨丽诗　黄建华　刘栋梁

2020 年 3 月 16 日　深圳

本书作者工作单位：
谭理琦、刘栋梁：深圳市动物疫病预防控制中心
（原单位：深圳市福田区动物防疫监督所）
杨丽诗、黄建华：中国水产科学研究院南海水产研究所深圳试验基地

致谢

本书得以顺利完稿，首先要感谢深圳市科技创新委员会给予的大力支持，感谢盐城工学院王爱民教授团队、深圳大学刘士德教授、广东海洋大学杜国平教授和林继辉教授等的悉心指教。感谢深圳市渔业服务与水产技术推广总站冯卫权主任，深圳市动物疫病预防控制中心但琨主任，深圳市市场监督管理局福田监管局黄晓战局长、诸葛立鹰总监，国家杂交水稻工程技术研究中心清华深圳龙岗研究所武小金博士，湖南省临湘县畜牧水产局杨德惠总工程师，以及湖南康大生物药品有限公司谢碧文先生的鼎力支持，感谢考察单位的热情接待和坦诚交流。同时，感谢贺萌萌、李汶松、张学辉、宋晓、蓝怡、刘静姝等同仁在本书文字编辑上的贡献。此外，还要感谢本书所有参考文献的作者，他们的研究成果，为本书提供了重要素材和理论依据。

2020年3月16日

参考文献

1. 曹昆. 克氏原螯虾性腺发育观察及其繁育后代生长性能的研究[D]. 苏州：苏州大学，2015.

2. 杜少波，胡超群，沈琪. 亲虾营养需求研究进展[J]. 热带海洋学报，2002(04)：80-92.

3. 黄锦龙，唐绍清，蔡凤金，等. 基于微卫星标记的克氏原螯虾在珠江流域的扩散机制研究[C]// 第十三届全国野生动物生态与资源保护学术研讨会暨第六届中国西部动物学学术研讨会论文摘要集，2017.

4. 江世贵，杨丛海，周发林，等. 斑节对虾种虾繁育技术[M]. 北京：海洋出版社，2013.

5. 林黑着，李海燕，等. 海水鱼类配合饲料学[M]. 广州：华南理工大学出版社，2018.

6. 刘栋梁. 维生素 E 和裂壶藻对斑节对虾精荚再生的影响[D]. 上海：上海海洋大学，2018.

7. 刘琦. 克氏原螯虾对两种环境异质性的响应及对隐蔽所的选择[D]. 南京：南京大学，2017：1-7.

8. 刘其根，李应森，陈蓝荪. 克氏原螯虾的生物学[J]. 水产科技情报，2008，35(1)：21-23.

9. 骆磊，黄建华，刘栋梁，等. 克氏原螯虾对 2 种材质洞穴的选择和空间分布研究[J]. 南方水产科学，2019，15(04)：76-81.

10. 宋丹丹，王龙，魏红静，等. 克氏原螯虾微卫星文库构建及多态性分析[J]. 水产科学，2019，38(6)：819-826.

11. 宋光同，丁凤琴，武松，等. 维生素 C、E 及高度不饱和脂肪酸交互作用对克氏原螯虾繁殖性能的影响[J]. 水产科学，2015，34(1)：43-47.

12. 宋光同，何吉祥，吴本丽，等. 克氏原螯虾雌性生殖系统发育及组织结构观察[J]. 江西农业学报，2018，30(2)：68-75.

13. 宋亮，韩晓磊，章旭，等. 不同地区克氏原螯虾性选择研究[J]. 湖北农业科学,2013,52(1):155-158.

14. 于宁,朱站英,冯文和,等. 克氏原螯虾饲料最适能量蛋白质比[J]. 动物营养学报, 2014,26(4): 1111-1119.

15. 张莎,俞树惠,邱高峰. 克氏原螯虾染色体及其核型[J]. 水产学报,2018,42(10):4-10.

16. 朱杰. 克氏原螯虾和日本沼虾对蛋氨酸需求量的研究[D]. 南京: 南京农业大学,2014.

17. 黄建华,江世贵,李海燕,等. 斑节对虾繁育与养殖技术[M]. 广州:华南理工大学出版社,2017.

18. 刘栋梁,黄建华,杨丽诗,谭理琦. 多种环境因子对克氏原螯虾蜕壳死亡的影响及对策研究[J]. 南方水科学,2020,16(02):29-35.

19. Jin S Y, Jacquin L, Huang F, et al. Optimizing reproductive performance and embryonic development of red swamp crayfish *Procambarus clarkii* by manipulating water temperature[J]. Aquaculture,2019,510:32-42.

20. Maccord F,"Azevedo F A, Esteves F A"et al. Regulation of bacterioplankton density and biomass in tropical shallow coastal lagoons[J]. Acta Limnologica Brasiliensia, 2013, 25(3):224.

21. Manfrin C, Tom M, De Moro G, et al. The eyestalk transcriptome of red swamp crayfish *Procambarus clarkii*[J]. Gene, 2015, 557(1): 28-34.

22. Mo A, Wang J, Yuan M, et al. Effect of sub-chronic dietary L-selenomethionine exposure on reproductive performance of Red Swamp Crayfish, (*Procambarus clarkii*)[J]. Environmental Pollution,2019,253: 749-758.